# Photoshop
## 平面设计应用项目教程
### 微课版

尤凤英 王婷婷　主　编
卢凤伟 李　明 陈国锋　副主编

清华大学出版社
北京

## 内容简介

本书采用项目制作与设计理念相结合的方式,以科学有效的项目任务为载体,遵循学生的认知规律,融入课程思政案例,详细讲解了 Photoshop 软件强大的图形图像处理功能及在实际工作中的应用。全书围绕项目开发思路讲解、知识点介绍、案例详细制作步骤、相关拓展训练及"1+X"证书技能点等环节进行编写,同时附有微课视频资源及教学课件供学习者使用(扫描书中二维码即可),使读者增强理论与实际的联系,为将来从事平面设计相关工作奠定基础。

本书既适合作为高职高专院校设计等专业相关课程的教材,也可作为计算机培训学校教材和平面设计人员,以及从事图形图像设计相关工作人员的参考书。

本书封面贴有清华大学出版社防伪标签,无标签者不得销售。
版权所有,侵权必究。举报: 010-62782989, beiqinquan@tup.tsinghua.edu.cn。

**图书在版编目(CIP)数据**

Photoshop 平面设计应用项目教程:微课版/尤凤英,王婷婷主编.—北京:清华大学出版社,2022.1(2024.7重印)
ISBN 978-7-302-59755-1

Ⅰ.①P… Ⅱ.①尤… ②王… Ⅲ.①平面设计—图象处理软件—教材 Ⅳ.①TP391.413

中国版本图书馆 CIP 数据核字(2021)第 262503 号

责任编辑:张 弛
封面设计:刘 键
责任校对:刘 静
责任印制:杨 艳

出版发行:清华大学出版社
网　　址: https://www.tup.com.cn, https://www.wqxuetang.com
地　　址:北京清华大学学研大厦 A 座　　邮　编:100084
社 总 机:010-83470000　　邮　购:010-62786544
投稿与读者服务:010-62776969, c-service@tup.tsinghua.edu.cn
质量反馈:010-62772015, zhiliang@tup.tsinghua.edu.cn
课件下载: https://www.tup.com.cn, 010-83470410

印 装 者:三河市龙大印装有限公司
经　　销:全国新华书店
开　　本:185mm×260mm　　印　张:15　　字　数:381千字
版　　次:2022年3月第1版　　印　次:2024年7月第4次印刷
定　　价:49.00元

产品编号:094652-01

# 前　言

本书依托"Photoshop 平面设计"山东省省级精品资源共享课建设成果，以职业岗位综合技能和素质培养为主线，以就业为导向，以能力为本位。本书的教学理念从"关注知识储存"走向"关注知识应用"。

本书具有以下特点。

**1. 立足职业岗位需求，项目式体例编写**

本书将 Photoshop 软件的使用技巧与应用领域紧密结合，选取平面设计中最实用的 8 个项目，将软件的使用功能贯穿于项目的实现过程，使学生在学习软件知识的同时，增强理论与实际的联系，提高美术修养和设计能力。

**2. 项目融入课程思政元素，体现"立德树人"教育根本任务**

本书内容与思想政治课同向同行，把"立德树人"作为教育的根本任务，形成育人的协同效应。项目选取八大商业案例，将专业技能和思政育人相结合，并巧妙地融入教学过程中，在完成知识与素质教育目标的同时提升学生思想政治素养与道德品质素养。

**3. 遵循学生学习规律，教学任务注重真实性和典型性**

本书所选案例遵循学生的学习规律，全面介绍 Photoshop CC 2019 中文版的基本操作方法和图像处理技巧。项目一为明信片制作，从图像的基本概念入手，主要介绍 Photoshop 的工作界面及文件的相关操作；项目二为 DM 单制作，主要介绍选区的创建及基本绘制类工具的用法；项目三为中秋节海报制作，主要介绍图层的编辑和应用；项目四为杂志版面制作，主要介绍文字处理操作；项目五为淘宝广告制作，主要介绍路径及其相关操作；项目六为公益广告制作，主要介绍数码照片修复与数码照片色彩校正；项目七为博客效果图制作，主要介绍蒙版和通道的相关知识；项目八为网页效果图制作，主要介绍通过 Photoshop 的滤镜功能打造神奇的图像效果。

**4. 以提升学生的设计能力为目标，项目选取注重实践性和创新性**

项目包含项目导入、项目分析、能力目标、知识目标、课程思政目标、知识储备、任务实践及上机实训等模块，学生在学习软件知识的同时，补充实用的平面设计知识，提高学生的设计能力；每个项目的上机实训模块与实践阶段的任务设置相近，让学生在现阶段所获得经验的基础上对比分析，从而得出完成任务的思路和方法，使学生在完成实例的同时提高分析、对比、迁移知识的能力，培养学生主动思考、自主探索及创新能力。

**5. 融入"1+X"证书相关技能点，配套资源注重针对性和时效性**

本书融入数字影像处理"1+X"证书中 Photoshop 软件的相关技能点以及模拟习题与解析，提供知识点视频教程、电子课件等立体化学习资源。大量颗粒化资源使读者能够拓展图像的处理技巧及设计思路，感受软件的强大功能以及它带给我们的无限创意。

本书由济南职业学院尤凤英、王婷婷担任主编，黑龙江职业学院卢凤伟、济南职业学院李明、惠科教育集团陈国锋担任副主编。具体编写分工如下：项目一、二、三由尤凤英编写，项目四、五、六由卢凤伟编写，项目七由李明编写，项目八由陈国锋编写。济南职业学院赵光琴也参与了编写工作。本书编写过程中还参考了相关领域的经典优秀著作和文献资料，在此一并表示感谢！

由于编者水平有限，书中难免存在纰漏及不当之处，敬请读者批评、指正。

编　者
2021 年 12 月

教学课件

素材

# 目 录

**项目一 明信片制作——初识 Photoshop CC 2019** ………………………… 1

  任务一　制作微信头像 ………………………………………………… 2
    知识储备 ……………………………………………………………… 2
    一、数字化图像基础 ………………………………………………… 2
    二、Photoshop CC 2019 的安装与卸载 …………………………… 5
    三、Photoshop CC 2019 的启动和退出 …………………………… 5
    四、Photoshop CC 2019 的工作界面介绍 ………………………… 6
    任务实践 ……………………………………………………………… 19
  任务二　明信片制作 …………………………………………………… 21
    知识储备 ……………………………………………………………… 21
    一、文件的基本操作 ………………………………………………… 21
    二、Photoshop 常见操作 …………………………………………… 24
    三、Photoshop 的应用领域 ………………………………………… 29
    任务实践 ……………………………………………………………… 35
  上机实训——设计制作京剧形象展板 ………………………………… 39
  技能点测试 ……………………………………………………………… 40

**项目二 DM 单制作——图像选取与填充** …………………………………… 42

  任务一　DM 单设计分析及背景制作 ………………………………… 43
    知识储备 ……………………………………………………………… 43
    一、DM 单设计分析 ………………………………………………… 43
    二、油漆桶工具 ……………………………………………………… 43
    三、渐变工具 ………………………………………………………… 45
    四、图像填充命令 …………………………………………………… 46
    任务实践 ……………………………………………………………… 47
  任务二　DM 单背面效果制作 ………………………………………… 50

知识储备 ·············································································· 50
　　　　一、选区概述 ······································································ 50
　　　　二、选框工具组 ···································································· 50
　　　　三、套索工具组 ···································································· 52
　　　　四、魔棒工具 ······································································ 53
　　　　五、选区的基本操作 ································································ 55
　　　　任务实践 ·········································································· 56
　　任务三　DM 单正面效果制作 ··························································· 61
　　　知识储备 ·············································································· 61
　　　　一、画笔工具 ······································································ 61
　　　　二、铅笔工具 ······································································ 65
　　　　三、颜色替换工具 ·································································· 66
　　　　四、混合器画笔工具 ································································ 66
　　　　五、橡皮擦工具 ···································································· 66
　　　　六、背景橡皮擦工具 ································································ 66
　　　　七、魔术橡皮擦工具 ································································ 66
　　　　任务实践 ·········································································· 66
　　上机实训——设计制作宣传单 ···························································· 69
　　技能点测试 ·············································································· 70

## 项目三　中秋节海报制作——图层详解 ·································· 73

　　任务一　中秋节海报主体制作 ·························································· 74
　　　知识储备 ·············································································· 74
　　　　一、海报设计分析 ·································································· 74
　　　　二、图层初识 ······································································ 75
　　　　三、图层的基本操作 ································································ 76
　　　　四、图层样式 ······································································ 80
　　　　五、图层样式详解 ·································································· 80
　　　　六、样式效果示例 ·································································· 86
　　　　任务实践 ·········································································· 87
　　任务二　制作海报背景部分 ···························································· 92
　　　知识储备 ·············································································· 92
　　　　一、图层混合模式的含义 ···························································· 92
　　　　二、混合模式作用 ·································································· 92
　　　　任务实践 ·········································································· 93
　　上机实训——设计制作茶叶博览会宣传广告 ·············································· 102
　　技能点测试 ·············································································· 105

## 项目四　杂志版面制作——文字详解 ···································· 109

　　任务一　杂志封面制作 ································································ 110

  知识储备 ·········································································································· 110
   一、封面设计分析 ··························································································· 110
   二、文字工具 ································································································ 110
  任务实践 ·········································································································· 113
 任务二 杂志版面制作 ······················································································· 118
  知识储备 ·········································································································· 118
   一、段落文字 ································································································ 118
   二、将文字层转换为普通层 ··············································································· 119
   三、水平文字和垂直文字的转换 ········································································· 119
   四、路径文字的输入 ························································································ 119
  任务实践 ·········································································································· 120
 上机实训——设计制作图书内页 ············································································· 123
 技能点测试 ············································································································ 125

## 项目五 淘宝广告制作——路径详解 ············································································ 128

 任务一 广告主体元素制作 ·················································································· 129
  知识储备 ·········································································································· 129
   一、海报设计分析 ··························································································· 129
   二、路径的绘制与编辑 ····················································································· 130
  任务实践 ·········································································································· 132
 任务二 广告装饰元素制作 ·················································································· 134
  知识储备 ·········································································································· 134
   一、"路径"面板 ···························································································· 134
   二、路径应用 ································································································ 134
  任务实践 ·········································································································· 136
 任务三 广告文字元素制作 ·················································································· 137
  知识储备 ·········································································································· 137
   一、形状工具组 ······························································································ 137
   二、文字转换为形状 ························································································ 139
   三、文字转换为工作路径 ·················································································· 139
  任务实践 ·········································································································· 139
 上机实训——设计制作卡通形象 ············································································· 142
 技能点测试 ············································································································ 143

## 项目六 公益广告制作——图像修复与色彩校正 ····························································· 146

 任务一 广告主体元素制作 ·················································································· 147
  知识储备 ·········································································································· 147
   一、公益广告的创作要素 ·················································································· 147
   二、图像修复工具 ··························································································· 147
   三、图像修饰工具 ··························································································· 151

　　　　任务实践 ············································································· 154

　　任务二　海报颜色调整 ································································ 158

　　　　知识储备 ············································································· 158

　　　　一、图像色调控制 ································································ 158

　　　　二、图像色彩调整 ································································ 163

　　　　三、颜色校正命令 ································································ 166

　　　　任务实践 ············································································· 168

　　上机实训——制作金秋色彩效果 ················································ 171

　　技能点测试 ················································································ 173

## 项目七　博客效果图制作——蒙版与通道 ································ 176

　　任务一　人物选取 ······································································ 177

　　　　知识储备 ············································································· 177

　　　　一、通道 ············································································· 177

　　　　二、通道的操作 ··································································· 178

　　　　任务实践 ············································································· 179

　　任务二　博客背景制作 ································································ 183

　　　　知识储备 ············································································· 183

　　　　一、蒙版概述 ······································································ 183

　　　　二、图层蒙版 ······································································ 184

　　　　三、矢量蒙版 ······································································ 186

　　　　任务实践 ············································································· 189

　　上机实训——设计制作冰冻效果 ················································ 192

　　技能点测试 ················································································ 193

## 项目八　网页效果图制作——滤镜与动作 ································ 196

　　任务一　网页主体元素制作 ························································ 197

　　　　知识储备 ············································································· 197

　　　　一、网页设计介绍 ································································ 197

　　　　二、滤镜相关知识 ································································ 198

　　　　三、部分滤镜功能及效果介绍 ················································ 200

　　　　任务实践 ············································································· 211

　　任务二　网页效果图制作 ···························································· 216

　　　　知识储备 ············································································· 216

　　　　一、动作 ············································································· 216

　　　　二、使用批处理命令 ···························································· 219

　　　　任务实践 ············································································· 219

　　上机实训——设计制作购物网站网页效果图 ······························ 225

　　技能点测试 ················································································ 227

## 参考文献 ······················································································· 231

# 项目一

# 明信片制作——初识Photoshop CC 2019

【项目导入】

　　Photoshop 是由 Adobe 公司推出的图形图像处理软件,主要应用领域大致包括数码照片处理、广告摄影、视觉创意、平面设计、艺术文字、建筑效果图后期修饰及网页制作等方面,由于它强大的图像处理功能,一直受广大平面设计师的青睐。

【项目分析】

　　本项目介绍图形图像的基本知识,讲解 Photoshop 的操作环境及基本操作,使用户能对图像进行最基本的编辑操作。

【能力目标】

- 熟悉 Photoshop CC 2019 工作界面。
- 熟练文件的基本操作。
- 能够裁剪图片。

【知识目标】

- 数字化图像基础。
- 初识 Photoshop CC 2019：Photoshop 的应用领域、Photoshop CC 2019 的安装与卸载、Photoshop CC 2019 的启动与退出、Photoshop CC 2019 的新增功能。
- Photoshop CC 2019 的基本操作：Photoshop CC 2019 的工作界面、设置工作区域、查看图像、使用辅助工具、Photoshop CC 2019 首选项。
- 图像文件的基本操作：文件的基本操作、调整图像文件的大小、调整图像画布、裁剪图像、拷贝、粘贴、清除图像、移动图像、变换图像、操控变形、设置颜色、恢复操作。

【课程思政目标】

　　京剧是我国的国粹之一,是我国优秀传统文化的积淀,千百年来以独特的民族风格深深地植根于中华大地,并在世界范围内享有盛名。本项目选取经典京剧《锁麟囊》作为制作素材,案例制作过程引导学生了解京剧,认识京剧,从而珍视我们的国粹,感受国粹文化的育人功能,体会中华文化的博大精深,源远流长。

# 任务一　制作微信头像

## 一、数字化图像基础

计算机中的图像是以数字方式记录、处理和存储的,这些由数字信息表述的图像被称为数字化图像。计算机图形主要分为两大类,一类是位图图像,另一类是矢量图形。

**1. 像素**

像素(pixel)是组成数码图像的最小单位。

**2. 分辨率**

分辨率是指单位长度内包含的像素点的数量,它的单位通常为像素/英寸(ppi)。高分辨率图像包含更多的像素点,所以比低分辨率图像更为清晰。

虽然分辨率越高图像质量越好,但高分辨率的文件容量也会增加,文件占用的存储空间也会变大,所以用户要根据图像的实际用途设置合适的分辨率。如果图像用于屏幕显示或者网络,可以将分辨率设为 72 像素/英寸;如果用于喷墨打印机打印,可以设置为 100~150 像素/英寸;如果用于印刷,则应设置为 300 像素/英寸。

**3. 位图**

位图也称为光栅图、点阵图,是由多个像素组成的图像。图像中的像素点越多(分辨率越高),图像越清晰。由数码相机拍摄的照片、扫描仪扫描的图片,以及在计算机屏幕上抓取的图像都属于位图,Photoshop 是典型的位图处理软件。位图的特点是可以表现色彩的变化和颜色的细微过渡,很容易在不同的软件之间转换;但位图文件占磁盘空间较大,缩小、放大后都会失真。位图的原图及放大的失真效果图如图 1-1 和图 1-2 所示。

图 1-1　位图原图

图 1-2　放大后的图片

**4. 矢量图**

矢量图又称为向量图,是由图形的几何特性来描述组成的图像。矢量图的特点是文件占磁盘空间较小,在对图形进行缩放、旋转或变形操作时不会产生锯齿模糊效果,但无法表现丰富的颜色变化和细腻的色调过渡。Illustrator、CorelDraw、Freehand、AutoCAD 等是常用的矢量图作图软件,矢量图的原图及放大的效果图如图 1-3 和图 1-4 所示。

图 1-3　矢量图原图　　　　　　　　图 1-4　矢量图放大

**5．颜色模式**

颜色模式用于确定显示图像和打印图像时使用的颜色方法,它决定了图像的颜色数量、通道数量、文件大小和文件格式,此外,它还决定了图像在 Photoshop 中是否可以进行某些特定的操作。打开一个图像后,可以在"图像"|"模式"子菜单中选择一个命令,将它转换为需要的颜色模式。颜色模式菜单如图 1-5 所示。

不同的颜色模式有不同的特点,最常用的颜色模式是 RGB 模式和 CMYK 模式。

(1) RGB 模式是一种用于屏幕显示的颜色模式,R 代表红色、G 代表绿色、B 代表蓝色,每一种颜色都有 256 种亮度值,因此,RGB 模式可以呈现 1670 万种颜色。

(2) CMYK 模式是一种印刷模式,C 代表青色、M 代表品红色、Y 代表黄色、K 代表黑色。该模式的色域范围比 RGB 模式小,并不是所有屏幕中可以显示的颜色都能够被打印出来,只有在制作用于印刷色打印的图像时,才使用 CMYK 模式。

图 1-5　颜色模式菜单

灰度模式只有灰度色(图像的亮度)没有彩色。

Lab 颜色模式是由三个通道组成,是目前所有颜色模式中色彩范围(叫色域)最广的颜色模式。

在 Photoshop 中将那些不能被打印输出的颜色称为溢色,要查看 RGB 图像有没有溢色,可以执行"视图"|"色域警告"命令,如果图像中出现灰色,则灰色所在的区域便是溢色区域;再次执行该命令,可以取消色域警告。

**6．文件格式**

文件格式用于确定图像数据的存储内容和存储方式,它决定了文件是否与一些应用程序

兼容,以及如何与其他程序交换数据。在 Photoshop 中处理图像后,可根据需要选择一种文件格式保存图像,执行"文件"|"存储为"命令,如图 1-6 所示。

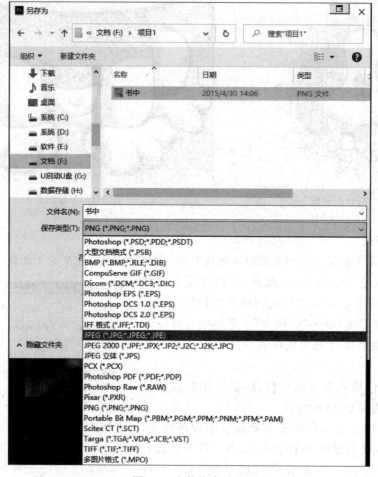

图 1-6　文件格式列表

(1) PSD 格式。PSD 格式是 Photoshop 的专用格式。它能保存图像数据的每一个细节,包括图像的层、通道等信息,确保各层之间相互独立,便于以后进行修改。PSD 格式还可以保存为 RGB 或 CMYK 等颜色模式的文件,但唯一的缺点是保存的文件占用空间较大。

(2) JPEG 格式。JPEG 格式是较常用的图像格式,支持真彩色、CMYK、RGB 和灰度颜色模式,但不支持 Alpha 通道。JPEG 格式可用于 Windows 和 MAC 平台,是所有压缩格式中最卓越的。虽然它是一种有损的压缩格式,但在文件压缩前,可以在弹出的对话框中设置压缩的大小,这样就可以有效地控制压缩时损失的数据量。JPEG 格式也是目前网络可以支持的图像文件格式之一。

(3) GIF 格式。GIF 格式是由 CompuServe 公司制定的,能存储背景透明化的图像格式,但只能处理 256 种色彩。常用于网络传输,其传输速度要比传输其他格式的文件快很多,并且可以将多张图像存储成一个文件而形成动画效果。

(4) PNG 格式。PNG 格式是 Adobe 公司针对网络图像开发的文件格式。这种格式可以使用无损压缩方式压缩图像文件,并利用 Alpha 通道制作透明背景,是功能非常强大的网络文件格式,但较早版本的 Web 浏览器可能不支持。

## 二、Photoshop CC 2019 的安装与卸载

### 1. 安装 Photoshop CC 2019 的系统要求

由于 Windows 操作系统和 macOS 操作系统之间存在差异,Photoshop CC 2019 的安装要求也有不同,以下是 Adobe 推荐的最低系统要求。

(1) Windows 系统。

- Intel Pentium 4 或 AMD Athlon 64 处理器。
- 1GB 可用硬盘空间用于安装,安装过程中需要额外的可用空间(无法安装在基于闪存的可移动存储设备上)。
- 1024×768dpi 屏幕(推荐 1280×800dpi),配备符合条件的硬件加速 OpenGL 图形卡、16 位颜色和 256MB VRAM。
- 某些 GPU 加速功能需要 Shader Model 3.0 和 OpenGL 2.0 图形支持。
- DVD ROM 驱动器。
- 多媒体功能需要 QuickTime 7.6.2 软件。
- 在线服务需要宽带 Internet 连接。

(2) Mac 操作系统。

- Intel 多核处理器。
- macOS×10.5.7 或 10.6 版。
- 1GB 内存。
- 2GB 可用硬盘空间用于安装;安装过程中需要额外的可用空间(无法安装在使用区分大小写的文件系统的卷或基于闪存的可移动存储设备上)。
- 1024×768dpi 屏幕(推荐 1280×800dpi),配备符合条件的硬件加速 OpenGL 图形卡、16 位颜色和 256MB VRAM。
- 某些 GPU 加速功能需要 Shader Model 3.0 和 OpenGL 2.0 图形支持。
- DVD ROM 驱动器。
- 多媒体功能需要 QuickTime 7.6.2 软件。

### 2. 安装方法

将 Photoshop CC 2019 安装光盘放入光驱,在光盘根目录文件夹中双击 Setup.ext 文件,运行安装程序,并初始化。初始化完成后,显示"欢迎"窗口,单击"接受"按钮,在窗口中输入安装序列号。单击"下一步"按钮,显示"安装选项",选择 Photoshop CC 2019,选择安装位置,单击"安装"按钮开始安装,安装过程会显示安装进度和剩余时间,安装完成后,单击"完成"按钮。

### 3. Photoshop CC 2019 的卸载

打开 Windows 控制面板,双击"添加或删除程序"图标,在打开的对话框中选择 Adobe Photoshop CC 2019,单击"卸载"按钮开始卸载,窗口中会显示卸载进度。如果要取消卸载,可单击"取消"按钮。

## 三、Photoshop CC 2019 的启动和退出

在使用软件之前,首先应学会启动和退出软件的操作方法。启动和退出 Photoshop CC 2019 的方法有很多种,下面将分别介绍。

### 1. Photoshop CC 2019 的启动

以下四种方式都可以启动 Photoshop CC 2019 软件。

（1）在桌面上双击 Photoshop CC 2019 快捷方式图标 ![Ps]。

（2）双击 PSD 格式的图像文件。

（3）执行"开始"|"程序"命令，找到 Adobe Photoshop CC 2019，单击即可。

（4）在任意一个图像文件图标上右击，从快捷菜单中执行"打开方式"命令，选择 Adobe Photoshop CC 2019 即可。

### 2. Photoshop CC 2019 的退出

以下四种方式都可以完成 Photoshop CC 2019 软件的退出。

（1）在 Photoshop CC 2019 界面中执行"文件"|"退出"命令，或者按 Ctrl＋Q 组合键。

（2）在界面中，单击右上角的关闭按钮 ▬ ▢ ╳ 。

（3）在任务栏的 Photoshop CC 2019 图标上右击，在快捷菜单中选择"关闭窗口"。

（4）按 Alt＋F4 组合键。

## 四、Photoshop CC 2019 的工作界面介绍

Photoshop CC 2019 分为标准版和扩展版两个版本，扩展版增添了创建、编辑 3D 和基于动画内容的突破性工具，我们主要介绍标准版工作界面。

### 1. Photoshop CC 2019 的工作界面

Photoshop CC 2019 的工作界面包含程序栏、菜单栏、工具选项栏、选项卡、工具箱、文档窗口、状态栏、面板等组件，如图 1-7 所示。

图 1-7　Photoshop CC 2019 工作界面

（1）程序栏：可以将窗口最大化、最小化、还原及关闭。

（2）菜单栏：包含可以执行的各种命令，单击菜单名称可以打开相应的菜单，每个命令后面标注了执行该命令所对应的快捷方式。

（3）工具箱：包含用于执行各种操作的工具。

（4）工具栏选项：设置每个工具的各种选项，它会随着所选工具的不同而不同。

（5）标题栏：显示文档名称、文件格式、窗口缩放比例和颜色模式等信息。如果文档包含多个图层，还会显示当前工作图层的名称。

（6）选项卡：当打开多个图像时，它们会集中到选项卡中，单击各个文件的名称即可显示相应文件。

（7）文档窗口：显示和编辑图像的区域。

（8）面板：帮助用户编辑图像，有的用来设置编辑内容，有的用来设置颜色属性，可以打开"窗口"菜单进行设置。

（9）状态栏：显示文档大小、文档尺寸、当前工具和窗口缩放比例等信息。

### 2. 工具箱

Photoshop CC 2019 的工具箱包含了用于创建和编辑图像的各种工具按钮。当工具图标右下角有一个三角形时，表示该项目中还有多个隐藏的工具，在该图标上按住鼠标左键或右键不放，会弹出隐藏的工具列表，将鼠标指针移动到想要的工具上单击鼠标左键，即可将隐藏的工具更改为当前工具。Photoshop 工具栏及工具分类如图 1-8 所示。

图 1-8　Photoshop 工具栏及工具分类

单击工具箱顶部的双箭头 可以将工具箱切换为单排或双排显示，单排工具箱可以为文档窗口节省更多的空间。默认情况下，工具箱停放在窗口左侧，将光标放在工具箱顶部的双箭头按钮 右侧，单击并向右侧拖动鼠标，可以将工具箱从停放中拖出，放在窗口的任意位置。

### 3. 文档窗口

如果同时打开多个图像，各个文档窗口会以选项卡的形式显示，单击某一个文档的名称，即可将其设置为工作窗口。按 Ctrl＋Tab 组合键可以按照前后顺序切换窗口，按 Ctrl＋Shift＋Tab 组合键，可以按照相反的顺序切换窗口，如图 1-9 所示。

单击一个窗口的标题栏并将其从选项卡拖出，就成为可以任意移动位置的浮动窗口，如图 1-10 所示。

图 1-9　文档选项卡

图 1-10　浮动窗口

浮动窗口可以随意调整大小。将浮动窗口的标题栏拖动到选项卡,当出现蓝色横线时松开鼠标,该窗口就会停放到选项卡。如果打开的文件数量过多,选项卡中不能显示所有文档,可单击它右侧的双箭头图标,在打开的下拉菜单中选择需要的图像。

单击一个图像右上角的 ⊠ 按钮,可以关闭该窗口;如果要关闭所有文档窗口,可以在一个文档的标题栏上右击,在弹出的快捷菜单中选择"关闭全部"命令,也可以执行"文件"|"关闭""关闭全部"命令来完成关闭文档的操作。

#### 4. 工具选项栏

工具选项栏用来设置工具的选项，它会随着所选工具的不同而变换选项内容。如图为仿制图章工具的选项栏，工具选项卡的一些设置对很多工具都是通用的，下面介绍一下工具选项栏中的通用的选项含义，如图 1-11 所示。

图 1-11　仿制图章工具选项卡

(1) 工具选项栏中的通用的选项含义。

① 下拉箭头：单击该按钮，可以打开一个下拉菜单，如图 1-12 所示。

② 文本框：在文本框中单击，输入数值并按下回车键即可调整数值。如果文本框旁边有按钮，则单击该按钮，可以显示一个滑块，拖动滑块也可以调整数值。

③ 下拉列表：单击该按钮，可以打开一个下拉菜单，用户可以选择任意选项。

(2) "隐藏/显示"工具选项卡。执行"窗口"|"选项"命令，可以隐藏或显示工具选项栏。

(3) 移动选项工具栏。单击并拖动工具选项栏最左侧图标，可以将它从停放中拖出，成为浮动选项栏，如图 1-13 所示。将其拖回菜单栏下面，当出现蓝色条时放开鼠标，可重新停放到原处。

图 1-12　画笔下拉菜单

(4) 创建和使用工具预设。在工具选项栏中单击工具图标右侧的按钮，可以打开一个下拉面板，面板中包含了各种工具预设，如图 1-14 为裁剪工具的工具预设。

图 1-13　移动工具栏

图 1-14　裁剪工具预设

(5) 新建工具预设。单击工具预设下拉面板中的按钮，可以基于当前设置的工具选项创建一个工具预设。

(6) 仅限当前工具。勾选该选项，只显示所选工具的各种预设；取消该选项，会显示所有工具的预设。

(7) 重命名和删除预设。在工具预设上右击，可以在打开的快捷菜单中选择重命名或者删除该工具预设。

(8) 复位工具预设。当选择一个工具预设后，每次选择该工具，都会应用这一预设。如果要清除预设，单击面板右上角的按钮，选择面板菜单里的"复位工具"命令，

### 5. 菜单

Photoshop CC 2019 有 11 个菜单，如图 1-15 所示。

图 1-15　菜单

每个菜单内都包含一系列命令，单击一个菜单即可打开该菜单，选择菜单中的一个命令即可执行该命令，如果命令后面有快捷键，按下快捷键可以快速执行该命令。有些命令只提供了字母，可以按 Alt＋主菜单字母组合键执行该命令，在文档窗口的空白处或在一个对象或在面板上右击可以显示快捷菜单。

### 6. 面板

Photoshop 中包含 20 多个面板，在"窗口"菜单中可以选择需要的面板打开。默认情况下，面板以选项卡的形式成组出现，停靠在窗口右侧，如图 1-16 所示。

单击一个面板的名称即可将该面板设置为当前面板，同时显示面板中的选项，如图 1-17 所示。

图 1-16　面板组

图 1-17　切换面板

单击面板组右上角的三角按钮 ，可以将面板折叠为图标状，再次单击面板右上角的 按钮，可以将其折叠回面板组。拖动面板边界可以调整面板组的宽度。

选中一个面板的名称，将其从面板组拖至窗口的空白位置处，松开鼠标即可将其移出面板组，成为浮动面板。

将一个面板的名称拖动到另一个面板的标题栏上，当出现蓝色框时松开鼠标，可以将它与目标面板组合。

将光标放在面板的名称上，单击并将其拖至另一个面板下，当两个面板的连接处显示为蓝色时松开鼠标，可以将两个面板链接，链接的面板可以同时折叠或移动。

如果面板的右下角有■按钮,则拖动该按钮可以调整该面板的大小,单击面板右上角的■按钮,可以打开面板菜单,如图1-18所示,菜单中包含了与当前面板相关的各种命令。

在一个面板的标题栏上右击,在快捷菜单中选择"关闭"命令,可以关闭该面板;选择"关闭选项卡组"命令,可以关闭该面板组,如图1-19所示。对于浮动面板,可单击它右上角的■按钮将其关闭。

图1-18 面板菜单

图1-19 关闭面板

各个面板用户可以在需要时打开,不需要时可将其隐藏,以便节省窗口空间。

### 7. 状态栏

状态栏位于文档窗口的底部,可以显示文档窗口的缩放比例、文档大小、当前使用的工具等信息。单击状态栏中的■按钮,可以在打开的菜单中选择状态栏的显示内容,如图1-20所示。

图1-20 状态栏菜单

状态栏中各常用命令含义如下。

(1) 文档大小:显示有关图像中的数据量信息。图1-20中 文档:68.7M/68.7M 左边的数字表示拼合图层并保存文件后的大小;右边的数字表示包含图层和通道的近似大小。

(2) 文档配置文件:显示图像所使用的颜色配置文件的名称。

（3）文档尺寸：显示图像的尺寸。

（4）测量比例：显示文档的比例。

（5）暂存盘大小：显示有关处理图像的内存和 Photoshop 暂存盘的信息。左边的数字表示可用于处理图像的内存总量，右边的数字表示可用于处理图像的总内存量。

（6）效率：执行操作实际花费时间的百分比。如果效率为 100％，表示当前处理的图像在内存中生成；如果该值低于 100％，则表示 Photoshop 正在使用暂存盘。

（7）计时：显示完成上一次操作所用的时间。

（8）当前工具：当前使用的工具名称。

（9）32 位曝光：用于调增预览窗口，以便在计算机显示器上查看 32 位/通道高动态范围图像的选项。

查看图像

### 8．查看图像

Photoshop 提供了用于切换屏幕模式，以及缩放工具、抓手工具、"导航器"面板和各种缩放窗口的命令，方便我们在编辑图像时查看图像。

（1）屏幕显示模式。

单击程序栏中的 按钮，弹出选项菜单，如图 1-21 所示。

① 标准屏幕模式：默认的屏幕模式，可以显示菜单栏、标题栏、滚动条和其他屏幕元素。

图 1-21　屏幕显示模式菜单

② 带有菜单栏的全屏模式：显示菜单栏和 50％灰度背景，无标题栏和滚动条的全屏窗口。

③ 全屏模式：显示黑色背景，无标题栏、菜单栏和滚动条的全屏窗口。

按下 F 键可以在各个屏幕模式间来回切换。按下 Tab 键可以显示/隐藏工具箱、面板、工具选项栏；按 Shift＋Tab 组合键可以隐藏/显示面板。执行"视图"|"屏幕模式"命令，弹出的下拉菜单中可以进行屏幕显示模式的选择。

（2）排列窗口中的图像文件。

如果打开了多个图像文件，可以执行"窗口"|"排列"命令，在打开的下拉菜单中进行选择，控制各个图像窗口的排列方式，如图 1-22 所示。

图 1-22　窗口的排列

① 层叠：从工作区的左上角到右下角以堆叠和层叠的方式显示浮动的图像窗口。

② 平铺：以靠近工作区四个边框的方式显示窗口。关闭一个图像文件时，其他窗口会自动调整大小，以填满整个空间。

③ 在窗口中浮动：图像可以自由浮动，可拖动标题栏移动窗口位置。

④ 使所有内容在窗口中浮动：使所有图像窗口都浮动。

⑤ 将所有内容合并到选项卡中：全屏显示一个图像文件，其他图像最小化到选项卡。

⑥ 匹配缩放：将所有窗口都匹配到与当前窗口相同的缩放比例。

⑦ 匹配位置：将所有窗口中图像的显示位置都匹配到与当前窗口相同。

⑧ 匹配旋转：将所有窗口中画布的旋转角度都匹配到与当前窗口相同。

⑨ 全部匹配：将所有窗口的缩放比例、图像显示位置、画布旋转角度都与当前窗口匹配。

(3) 使用缩放工具调整窗口比例。

利用缩放工具 可以将图像按比例放大或缩小显示，图 1-23 为缩放工具选项栏。

图 1-23　缩放工具选项栏

① ：按下 按钮后，单击即可以完成放大操作；按下 按钮后，单击可以完成缩小操作。

② 调整窗口大小以满屏显示：勾选该选项后，在缩放窗口的同时可以自动调整窗口的大小。

③ 缩放所有窗口：勾选该选项后，可以同时缩放所有打开的文档窗口。

④ 细微缩放：勾选该选项后，在画面中单击并向左或向右拖动鼠标，能以平滑的方式快速放大或缩小窗口。

⑤ 100%：单击该按钮，图像以实际像素（即 100% 比例）显示，双击缩放工具也可完成该调整。

⑥ 适合屏幕：单击该按钮，可以在窗口中最大化显示完整的图像。双击抓手工具也可完成该调整。

⑦ 填充屏幕：单击该按钮，可以在整个屏幕范围内最大化显示完整的图像。

选择"缩放"工具 ，在图像窗口中单击，图像将以单击处为中心放大显示一级；如果按住 Alt 键在图像窗口中单击时，图像将以单击处为中心缩小显示一级。放大效果如图 1-24 所示。

(4) 使用"抓手"工具移动图像。

图像放大显示后，如果全幅图像无法在窗口中完全显示，可以利用"抓手"工具 在图像中按下鼠标左键拖曳，查看图像的不同区域，如图 1-25 所示。

在使用"抓手"工具时，按住 Ctrl 键或 Alt 键可以暂时切换为"放大"或"缩小"工具；双击"抓手"工具可以将图像适配至屏幕显示；当使用工具箱中的其他工具时，按住空格键可以将当前工具暂时切换为"抓手"工具。

如图 1-26 所示为"抓手"工具选项栏。

如果同时打开多个图像文件，勾选"滚动所有窗口"复选框，移动画面的操作将应用于所有不能完整显示的图像。其他选项与缩放工具相同。

图 1-24  单击处缩放

图 1-25  "抓手"工具

图 1-26  "抓手"工具选项栏

（5）使用导航器面板查看图像。

单击"窗口"菜单，在下拉列表中选中"导航器"，打开"导航器"面板。该面板中包含了图像的缩览图和各种窗口缩放工具，如图1-27所示。

"导航器"面板下各个按钮含义如下。

① ▲按钮：单击该按钮可以完成缩小的操作。

② ▲按钮：单击该按钮可以完成放大的操作。

③ ▲滑块：拖动滑块可以放大或缩小窗口。

④ 数值输入框 33.33% ：通过在文本框中输入数值也可以直接完成缩放。

⑤ 移动画面：将鼠标移动到图像预览区域，鼠标会变成 状，单击并拖动鼠标可以移动画面，红框内的图像会位于文档窗口的中心位置。

（6）窗口缩放命令。

选择"视图"菜单中的相应命令也可以对图像进行缩放。

图1-27 "导航器"面板

### 9. 使用辅助工具

使用标尺、参考线、网格和注释等辅助工具可以帮助我们更好地编辑图像。

（1）标尺。

标尺可以帮助我们确定图像的位置，执行"视图"|"标尺"命令，或按Ctrl+R组合键，可以给文档添加标尺，如图1-28所示。

常用辅助工具

图1-28 显示标尺

默认情况下，标尺的原点位于窗口的左上角(0,0)，如果要修改原点的位置，可将鼠标在原点上单击，并向右下方拖动，画面中会出现十字线，将它拖放到需要的位置即可。在窗口的左上角双击即可恢复原点的默认位置。

双击标尺可以打开"首选性"对话框，在这里可以设置标尺的单位，如图1-29所示。

图1-29 修改标尺刻度单位

再次执行"视图"|"标尺"命令或按Ctrl+R组合键可以隐藏标尺。

(2) 使用参考线。

执行"视图"|"新建参考线"命令，在打开的对话框中，输入数值，可以创建精确的垂直或水平参考线，如图1-30所示。

执行"视图"|"锁定参考线"命令可以锁定参考线的位置，以防止参考线被移动。

执行"视图"|"清除参考线"命令可以删除所有参考线。

通过单击标尺拖动鼠标的方法也可以创建参考线，将鼠标放在水平标尺上，单击并向下拖动鼠标即可创建一条水平参考线。将鼠标放在垂直标尺上，单击并向右拖动鼠标即可创建一条垂直参考线。

选择移动工具，将鼠标放在参考线上，按下鼠标左键并拖动鼠标即可移动参考线。将参考线拖回标尺即可将其删除。

执行"编辑"|"首选项"|"参考线、网格和切片"命令，在打开的对话框中可以对参考线的颜色、样式进行设置，如图1-31所示。

(3) 使用网格。

执行"视图"|"显示"|"网格"命令，可以显示网格，再执行"视图"|"对齐"|"网格"命令，将启用对齐功能，此后在进行创建选区和移动图像等操作时，对象会自动对齐到网格上。

项目一　明信片制作——初识Photoshop CC 2019　　17

图1-30　通过菜单新建参考线

图1-31　设置参考线颜色、样式

执行"编辑"|"首选项"|"参考线、网格和切片"命令，在打开的对话框中可以对网格的颜色、样式、网格线间隔、子网格数进行具体参数的设置，如图1-32所示。

图 1-32  设置网格属性

**10. 设置 Photoshop 首选项**

执行"编辑"|"首选项"命令,打开的下拉菜单中包含多个选项,我们可以根据自己的使用习惯修改 Photoshop 的首选项,如图 1-33 所示。

图 1-33  首选项窗口

(1) 常规:在该选项中设置拾色器、图像插值、相关的选项,用户可以优化 Photoshop CC 2019。

(2) 界面:设置工具栏图标、通道、菜单颜色、工具提示及面板等。

(3) 文件处理:进行文件存储、文件兼容性的设置。在"图像预览"下拉列表中建议选择"存储时提问"选项;在"最大兼容 PSD 和 PSB 文件"下拉列表中,建议选择"总不";"近期文件列表包含"选项,数字的增大不会影响内存,可以自己设置。

(4) 性能:在"内存使用情况"栏中设置分配给 Photoshop 的内存量;在"历史记录"栏中设置历史记录的状态(最大为 1000,最小为 20),以及图像数据高速缓存的级别数量;在"暂存盘"栏中设置系统中磁盘空闲最大的分区作为第一暂存盘,以此类推。

(5) 光标:设置使用画笔工具等绘图工具进行绘图时光标的形状;设置吸管等其他工具的光标形状。

(6) 透明度与色域:"透明区域设置"主要用于指定透明区域中网格的大小、颜色及是否使用视频 Alpha。"色域警告"主要用于指定色域的颜色及不透明度。

(7) 单位与标尺:"单位"用于指定标尺和文字的单位;"列尺寸"用于指定列的宽度及装订线的宽度;"新文档预设分辨率"用于指定创建新文档时预置的打印分辨率和屏幕分辨率;"点/派卡大小"用于指定点单位或派卡单位的大小。

(8) 参考线、网格和切片:设置参考线及智能参考线的颜色、样式;设置网格的颜色、样式、间隔距离及所包含的子网格数;设置切片线条的颜色及指定是否显示编号。

(9) 增效工具:进行增效工具优化设置,可以附加增效工具的文件夹,以及就版本 Photoshop 的序列号。

(10) 文字:优化文字设置。"智能引号"选项可以用弯曲的引号替代直引号;"启用丢失字形保护",Photoshop 会指出缺少的字体,并用匹配的字体进行替换。

(11) 3D:进行 3D 项目的相关设置。

## 任务实践

(1) 执行"文件"|"打开"命令,打开"打开文件"对话框,找到"配套素材文件"|"项目一"文件夹,打开"1-1.jpg"文件,如图 1-34 所示。

图 1-34　素材图

(2)执行"图像"|"图像大小"命令,打开"图像大小"对话框,如图1-35所示。

图1-35 "图像大小"对话框

(3)选中"重新采样"复选框,将单位改为"像素",改动宽度文本框的数值为400像素,单击"确定"按钮。

(4)执行"文件"|"打开"命令,打开"打开文件"对话框,找到"配套素材文件"|"项目一"文件夹,打开"1-2.psd"文件,如图1-36所示。

(5)在工具箱中选择移动工具,在"1-2.psd"文件中单击,向"1-1.jpg"文件拖动,将文件的文字移动到"1-1.jpg"文件的右侧,效果如图1-37所示。

图1-36 素材图

图1-37 移动文字效果

(6)在工具箱中选择裁剪工具,用鼠标按住左侧中间定位点向右拖动鼠标,双击后结束裁剪动作,裁剪后的图片效果如图1-38所示。

(7)执行"文件"|"存储为"命令,弹出"另存为"对话框,如图1-39所示。

(8)单击"保存在"下拉菜单,设置文件的存储位置,单击文件名单击"存储"按钮,设置图片存储位置;在文件名下拉列表中输入"微信头像",单击"保存"按钮,完成图片制作。

项目一　明信片制作——初识Photoshop CC 2019

图 1-38　效果图

图 1-39　"另存为"对话框

## 任务二　明信片制作

### 一、文件的基本操作

**1. 新建文件**

执行"文件"|"新建"命令或按 Ctrl＋N 组合键，均可打开"新建"对话框，如图 1-40 所示，设置好选项后单击"确定"按钮即可创建一个空白文档。

"新建"文档对话框中常用选项的含义如下。

① 预设：照片、打印、图稿和插图、移动设备等选项卡下提供了各种文件的尺寸，用户可以根据自身需要进行选择。

② 名称：可以输入文件名称，也可以使用默认的文件名。创建文件后，文件名会显示在文档窗口的标题栏。保存文件时，文件名会自动显示在存储文件的对话框内。

③ 宽度/高度：可以输入文件的宽度和高度，右侧的选项中可以选择像素、厘米等度量单位。

④ 分辨率：可输入文件的分辨率，右侧选项可以选择分辨率的单位，包括"像素/英寸"和"像素/厘米"。

⑤ 颜色模式：可以选择文件的颜色模式。

⑥ 背景内容：可以选择文件背景的内容，包括"白色""背景色""透明"等。

**2. 打开文件**

要在 Photoshop 中编辑一个图像文件，需要先将其打开，文件打开方式有多种。

（1）使用"打开"命令。

执行"文件"|"打开"命令或按下 Ctrl＋O 组合键，或在灰色的 Photoshop 程序窗口双击，均可以弹出"打开"对话框，如图 1-41 所示。

图 1-40 "新建文档"对话框

图 1-41 "打开"对话框

选择一个文件(如果要选择多个文件,可按住 Ctrl 键单击它们),单击"打开"按钮,或双击文件即可将文件打开。"打开"对话框中各选项的含义如下。

① 查找范围:在选项的下拉列表中选择图像文件所在的文件夹。

② 文件名:所选文件的文件名。

③ 文件类型:默认为"所有格式",如果文件数量过多,可以在下拉列表中选择一种文件

格式,便于查找。

(2) 用"在 Bridge 中浏览"打开。

执行"文件"|"在 Bridge 中浏览"命令,可以运行 Adobe Bridge,在 Bridge 中选择一个文件,双击即可在 Photoshop 中将其打开。

(3) 打开最近使用过的文件。

"文件"|"最近打开文件"下拉菜单中保存了我们最近在 Photoshop 中打开的 10 个文件,选择一个文件即可将其打开。如果要清除目录,可以执行菜单底部的"清除最近"命令。

(4) 置入文件。

新建或者打开一个文档后,可以执行"文件"|"置入"命令,将照片、图片等位图,以及 EPS、PDF、AI 等矢量文件作为智能对象置入 Photoshop 文档中。

(5) 导入文件。

Photoshop 支持编辑视频帧、注释和 WIA 等内容,新建或者打开一个文档后,可以执行"文件"|"导入"命令,将这些内容导入图像中。

**3. 保存文件**

对文件编辑好之后应及时保存,Photoshop 保存文件的方法如下。

(1) 使用"存储"命令。

当我们打开一个文件并修改好之后,执行"文件"|"存储"命令,或按下 Ctrl+S 组合键,可以保存所做的修改,图像会按照原有格式进行存储。如果是新建的文件,执行该命令时会打开"另存为"对话框。

(2) 使用"另存为"命令。

执行"文件"|"另存为"命令,可以将文件保存为另外的文件名和其他格式,或者存储在其他位置,如图 1-42 所示。

图 1-42 "另存为"对话框

"另存为"对话框中各选项的含义如下。

① 保存在：设置文件的保存位置。

② 文件名：输入文件名。

③ 保存类型：在下拉列表中选择要保存的文件类型。

④ 作为副本：勾选该选项，可以另存为一个文件副本。

⑤ Alpha 通道/图层/注释/专色：是否存储 Alpha 通道、图层、注释、专色。

⑥ 使用校样设置：将文件保存为 EPS 或 PDF 格式时，勾选该选项，可以保存用的校样设置。

⑦ ICC 配置文件：可以保存嵌入在文档中的 ICC 配置文件。

⑧ 缩览图：勾选该选项，选中一个图像时，对话框底部会显示此图像的缩览图。

**4. 导出文件**

执行"文件"|"导出"命令，在下拉列表中根据不同的需求进行选择，可以将在 Photoshop 中创建和编辑的图像导出到 Illustrator 或视频设备中。

**5. 关闭文件**

(1) 关闭文件：执行"文件"|"关闭"命令，或按下 Ctrl＋W 组合键，或单击文档窗口右上角的 ▨ 按钮，可以关闭当前的图像文件。

(2) 关闭全部文件：执行"文件"|"关闭全部"命令。

(3) 关闭并转到 Bridge：执行"文件"|"关闭并转到 Bridge"命令，可以关闭当前文件，然后打开 Bridge。

(4) 退出程序：执行"文件"|"退出"命令或单击程序窗口右上角的 ▨ 按钮，可以关闭文件并退出 Photoshop。如果文件没有保存，会弹出一个对话框，询问用户是否保存文件。

## 二、Photoshop 常见操作

**1. 调整图像文件的大小**

图像文件的大小是由文件尺寸(宽度、高度)和分辨率决定的，当图像的宽度、高度和分辨率无法符合设计要求时，需要对其进行修改。

执行"图像"|"图像大小"命令，在打开的"图像大小"对话框中进行设置，即可对图像大小进行修改。

更改图像与画布的大小

**2. 修改图像画布尺寸**

画布是指整个文档的工作区域，执行"图像"|"画布大小"命令，弹出"画布大小"对话框，如图 1-43 所示。

"画布大小"对话框中各选项的含义如下。

① 当前大小：显示图像宽度、高度和文档实际大小。

② 新建大小：在"宽度"和"高度"文本框输入新的数值，输入完成后会显示文档新的大小。输入的数值大于原来的尺寸画布会增大，反之则减小。

③ 相对：勾选该选项，"宽度"和"高度"中输入的数值将代表实际增加或减少的区域大小，而不是整个文档的大小。输入正值标示增加画布，输入负值表示减小画布。

图 1-43　"画布大小"对话框

④ 定位：单击不同的箭头方格，可以标示当前图像在新画布上的位置。

⑤ 画布扩展颜色：在下拉列表中选择填充新画布的颜色。

**3．旋转画布**

执行"图像"|"图像旋转"命令，在下拉菜单中可以对画布进行旋转。

**4．裁剪图像**

裁剪构图

为了使所编辑的图像构图更加完美，我们经常需要裁剪图像，以便删除多余的内容。

（1）裁剪工具。

裁剪工具  可以裁剪图像，重新定义画布大小。选择裁剪工具后，图像的边缘上出现裁剪边界，使用鼠标绘制新的裁剪区域，或者拖动角和边缘句柄指定图像中的裁剪边界都可以裁剪图像。裁剪工具选项栏如图 1-44 所示。

图 1-44　裁剪工具选项栏

裁剪工具选项栏中各选项的含义如下。

① "长宽比"菜单：选择裁剪框的比例或大小。也可以选择预设值，或者输入设定的数值。

② 互换宽度和高度值：单击按钮可以互换当前图像的宽度和高度值。

③ 视图：选择裁剪时显示叠加参考线的视图。可用的参考线包括三等分参考线、网格参考线和黄金比例参考线等。

④ 删除裁剪的像素：禁用此选项以应用非破坏性裁剪，并在裁剪边界外部保留像素。非破坏性裁剪不会移去任何像素。用户可以稍后单击图像查看当前裁剪边界之外的区域；启用此选项可以删除裁剪区域外部的任何像素，这些像素将丢失，并且不可用于以后的调整。

⑤ 内容识别：选择"内容识别"复选框时，默认的裁剪矩形会扩大，包含整个图像。使用裁剪工具拉直或旋转图像时，Photoshop 能够利用内容识别技术智能地填充图像空隙。

（2）裁切命令。

执行"图像"|"裁切"命令，也可以裁切图像，裁剪方法完全相同。

**5．拷贝图像**

拷贝与粘贴

（1）剪切：创建好选区之后，执行"编辑"|"剪切"命令，或按下 Ctrl+X 组合键，可以将选区内的图像剪切到剪贴板。

（2）拷贝：创建选区之后，执行"编辑"|"拷贝"命令，或按下 Ctrl+C 组合键，可以将选区内的图像复制到剪贴板，画面中的内容不变。

（3）合并拷贝：如果图像文件包含多个图层，执行"编辑"|"合并拷贝"命令，可以将所有可见图层中的内容复制到剪贴板。

**6．粘贴与选择性粘贴**

（1）粘贴。

将图像剪切或复制到剪贴板之后，执行"编辑"|"粘贴"命令，或按下 Ctrl+V 组合键，可以将剪贴板中的图像复制到当前文档中。

（2）选择性粘贴。

执行"编辑"|"选择性粘贴"命令，在打开的下拉菜单中进行选择，可完成特殊的粘贴效果。

原位粘贴是可以将图像按照其原位粘贴到文档中。子菜单贴入与外部贴入的含义如下。

① 贴入：执行该命令，可以将图像贴入选区内，并自动添加蒙版，将选区之外的图像隐藏。

② 外部贴入：执行该命令，可以将图像贴入，并自动创建蒙版，将选中的图像隐藏。

**7．清除图像**

图像中创建选区之后，执行"编辑"|"清除"命令，可以清除选区内的图像。如果清除的是背景层上的图像，被清除的部分会被背景色填充；如果清除的是其他图层上的图像，会删除选中的图像。

如果要删除一个或多个图层中的所有图像内容，可以在选中之后按下 Delete 键。

**8．移动对象**

使用"移动"工具 不仅可以在文档中移动图层、选区内的图像，还可以将其他文档中的图像移动到当前文档中。利用"移动"工具移动图像的方法非常简单，在要移动的图像内拖曳鼠标光标，即可移动图像的位置。移动工具的选项栏如图 1-45 所示。

图 1-45　移动工具选项栏

移动工具选项栏的各选项的含义如下。

（1）自动选择：如果文档中包含多个图层或组，勾选该选项后，在下拉列表中选择"组"，表示使用移动工具在文档中单击时，可以自动选择工具下包含像素的最顶层的图层所在的图层组；如果选择"图层"，表示使用移动工具在文档中单击时，可以自动选择工具下面包含像素的最顶层的图层。

（2）显示变换控件：勾选该选项后，选择一个对象时，会在图像对象四周出现定界框，我们可以拖动控制点对其进行变换操作。如图 1-46 所示。

图 1-46　显示变换控件

(3) 对齐图层：选择了两个或两个以上的图层，可单击相应的按钮将所选图层对齐。分别是顶对齐■、垂直居中对齐■、底对齐■、左对齐■、水平居中对齐■、和右对齐■。

(4) 分布图层：如果选择了三个或三个以上的图层，可单击相应的按钮使图层按照一定的规则分布。分别是按顶分布■、垂直居中分布■、按底分布■、按左分布■、水平居中分布■和按右分布■。

① 在同一个文档中移动图像。选中移动工具后，在要移动的图像或选区内拖动鼠标光标，即可移动图像的位置。使用移动工具移动图像时，按住 Alt 键在同一个文档中拖动图像可以复制图像，同时生成一个新的图层。

② 在不同的文档之间移动图像。打开多个文档时，若将当前文档移至其他文档中，只需选择"移动"工具，将鼠标放在当前文档中，单击并拖动鼠标至另一个文档的标题栏，停留片刻切换到该文档，移动鼠标到画面中松开鼠标即可。

在移动图像时，按住 Shift 键可以确保图像在水平、垂直呈 45°的倍数方向上移动。

使用"移动"工具时，也可以使用键盘上的方向键实现轻微移动，每按一次可以将对象移动一个像素，如果按住 Shift 键的同时按方向键，可每次移动 10 个像素的距离。

### 9. 变换图像

在图像处理过程中经常需要对图像进行变换操作，从而使图像的大小、方向、形状或透视符合作图要求。

变换命令组

除了在使用"移动"工具时通过选中"显示变换控件"来变换图像外，执行"编辑"|"自由变换"命令或按下 Ctrl+T 组合键，或执行"编辑"|"变换"命令，都可以完成对图像的变换。"变换"命令的选项栏如图 1-47 所示。

图 1-47 "变换"命令选项栏

① ■：黑色实心的方框为变换的中心点，点击方框可以完成中心点的修改。

② ■：在该文本框内输入数值，可以水平移动对象；■：在该文本框内输入数值，可以垂直移动对象。

③ ■：在该文本框内输入数值，可以水平拉伸对象；■：在该文本框内输入数值，可以垂直拉伸对象；如果按下这两个选项中间的■标志，可以在缩放的同时锁定宽高比。

④ ■：在该文本框内输入数值，可以旋转对象。

⑤ ■：在该文本框内输入数值，可以水平斜切对象。

⑥ ■：在该文本框内输入数值，可以垂直斜切对象。

执行"图像"|"变换"命令时，"变换"命令的下拉菜单中包含了所有变换命令，用户可以根据变换需求选中相应的命令，编辑完成后按下回车键即可。

### 10. 设置颜色

颜色设置

Photoshop 工具箱底部有一组前景色和背景色设置图标，前景色决定使用绘画工具、文字工具的颜色；背景色决定了使用橡皮擦工具时被擦除区域所呈现的颜色。

(1) 修改前景色和背景色。

默认情况下，前景色为黑色、背景色为白色。单击设置前景色和背景色图标，可以打开"拾色器"，如图 1-48 所示。

图 1-48 "拾色器(前景色)"对话框

在"拾色器"对话框的色相条中可以选择颜色,在左侧的颜色范围窗口单击即可设定当前颜色,单击"确定"按钮后前景色或背景色更改完毕。

(2) 颜色面板。

执行"窗口"|"颜色"命令可以打开"颜色"面板,如图 1-49 所示。

单击前景色或背景色的图标,拖动 R、G、B 的滑块或直接在文本框中输入颜色值即可改变前景色或背景色颜色。将鼠标指针位于"颜色"面板底部的颜色条上,当鼠标指针变成吸管形状时,单击颜色条也可以设置颜色。

(3) 色板命令。

执行"窗口"|"色板"命令可以打开"色板"面板,如图 1-50 所示。

图 1-49 "颜色"面板

图 1-50 "色板"面板

用吸管在某一颜色块上单击即可设置前景色;按住 Ctrl 键单击某颜色块,设置为背景色。

(4) 切换前景色和背景色。

单击切换前景色和背景色图标,或者按下 X 键,可以切换前景色和背景色的颜色。

(5) 恢复为默认的前景色和背景色。

修改了前景色和背景色之后,单击默认颜色图标,或按下 D 键,可以将它们恢复为系统默认的颜色。

**11. 恢复操作**

Photoshop 提供了很多帮助我们恢复操作的功能，利用它们可以放心大胆地进行创作。

（1）还原与重做。

执行"编辑"|"还原"命令或按下 Ctrl+Z 组合键可以撤销对图像所做的最后一步操作。执行"编辑"|"重做"命令，或按下 Shift+Ctrl+Z 组合键，可以取消刚刚的还原操作。

（2）前进一步与后退一步。

如果要连续还原多步操作，可以连续执行"编辑"|"后退一步"命令，或连续按下 Alt+Ctrl+Z 组合键。如果要取消还原，可以连续执行"编辑"|"前进一步"命令，或连续按下 Shift+Ctrl+Z 组合键。

（3）恢复文件。

执行"文件"|"恢复"命令可以直接将文件恢复到最后一次保存时的状态。

（4）使用"历史记录"面板。

我们对图像进行的所有操作步骤，都会记录在"历史记录"面板中。执行"窗口"|"历史记录"命令，可以打开"历史记录"面板，如图 1-51 所示。

图 1-51 "历史记录"面板

① 设置历史记录画笔的源 ：该图标所在的位置将作为历史记录画笔的源图像。
② 快照：记录创建快照的图像状态。
③ 当前操作步骤：将图像恢复到该命令的编辑状态。
④ 从当前状态创建新文档 ：单击该按钮，可以基于当前步骤中图像的状态创建一个新的文件。
⑤ 创建新快照 ：单击该按钮，可以基于当前步骤中图像的状态创建快照。
⑥ 删除当前状态 ：选择一个操作步骤后，单击该按钮可以将该步骤及其后面的步骤删除掉。也可将选中的步骤拖动至该按钮。

"历史记录"面板只能保存 20 步操作，执行"编辑"|"首选项"|"性能"命令，在打开的对话框中找到"历史记录状态"选项，修改保存数目即可，数目越大，占用的内存越多。

我们可以充分利用"快照"功能，及时将图像保存为快照，无论以后进行了多少步的操作，单击快照可以将图像恢复为快照所记录的效果。

## 三、Photoshop 的应用领域

Photoshop 是世界上最优秀的图像编辑软件，它的应用领域十分广泛，无论是平面设计、3D 动画、数码艺术、网页制作、矢量绘图、多媒体制作还是桌面排版，Photoshop 在每一个领域都发挥着不可替代的重要作用。

**1. 在平面设计中的应用**

平面设计是 Photoshop 应用最广泛的领域，包括广告设计、包装设计、海报招贴、POP、书籍装帧、DM 单、印刷制版等，如图 1-52 和图 1-53 所示。

图 1-52　版面设计

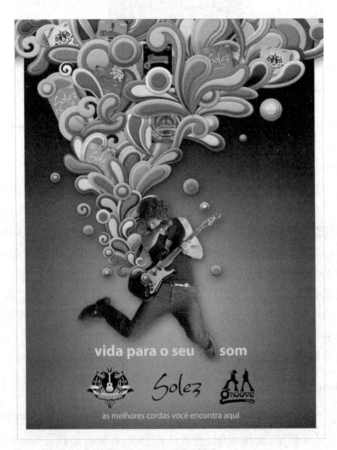

图 1-53　海报设计

## 2. 在插画设计中的应用

使用 Photoshop 的绘画和调色功能可以绘制风格多样的插画，计算机插画作为 IT 时代的先锋视觉表达艺术之一，已经成为新文化群体表达文化意识形态不可或缺的形式，如图 1-54 和图 1-55 所示。

图 1-54　装饰插画

图 1-55　动漫插画

## 3. 在界面设计中的应用

软件界面、游戏界面、手机操作界面、智能家电等都会运用界面设计，界面设计随着计算机、网络和智能电子产品的普及而迅猛发展。界面设计与制作主要是 Photoshop 来完成的，使用 Photoshop 的渐变、图层样式和滤镜等功能可以制作出各种真实的质感和特效，如图 1-56 和图 1-57 所示。

图 1-56　软件界面

图 1-57　操作界面

**4. 在网页设计中的应用**

Photoshop 可用于设计和制作网页页面,将制作好的页面导入 Dreamweaver 中进行处理,再用 Flash 添加动画内容,便生成互动的网站页面,如图 1-58 和图 1-59 所示。

**5. 在数码照片与图像合成中的应用**

Photoshop 强大的图像编辑功能让我们可以随心所欲地对图像进行修改、合成和再加工,制作出充满想象力的作品,如图 1-60 和图 1-61 所示。

图 1-58　个性网站

图 1-59　食品网站

图 1-60　照片合成 1　　　　　　　　　　　图 1-61　照片合成 2

**6. 在动画与 CG 设计中的应用**

使用 Photoshop 制作 3D、MAYA 等三维软件中的人物皮肤贴图、场景贴图和各种质感的材质不仅效果逼真，还可以为动画渲染节省时间，如图 1-62 所示。

图 1-62　场景效果图

Photoshop 还常用来绘制各种风格的 CG 艺术作品，如图 1-63 所示。

图 1-63　人物效果图

**7. 在效果图后期制作中的应用**

制作建筑效果图时包括很多三维场景，渲染出的图片通常都要在 Photoshop 中做后期处理，人物、天空、景观等都可以在 Photoshop 中添加。三维软件无法获得的逼真贴图也可以在 Photoshop 中获取，不仅节省了渲染时间，也增强了画面的美感，如图 1-64 和图 1-65 所示。

图 1-64　建筑效果图

图 1-65　三维效果图

## 任务实践

（1）执行"文件"|"新建"命令，弹出"新建"对话框，设置"名称"为"明信片"，"宽度"为"800 像素"，"高度"为"450 像素"，"分辨率"为 72，"颜色模式"为"RGB"，单击"确定"按钮新建文件，如图 1-66 所示。

图 1-66　"新建文档"对话框

（2）执行"文件"|"打开"命令，弹出"打开文件"对话框，找到"配套素材文件"|"项目一"文件夹，打开素材"1-3.psd"文件，选择移动工具将文件内容拖动到"明信片"文件左上角，明信片文件效果如图1-67所示。

图 1-67　效果图

（3）执行"文件"|"打开"命令，弹出"打开文件"对话框，找到"配套素材文件"|"项目一"文件夹，打开素材"1-4.psd"文件，选择移动工具将文件内容拖动到"明信片"文件。

（4）按 Ctrl+T 组合键对图像添加自由变换边框，按住 Shift 键，按住鼠标边框左上角向内侧拖动缩小图片，双击结束变换，将素材移动到明信片文件的左下角，效果如图 1-68 所示。

图 1-68　效果图 1

（5）在工具箱中选择直排文字工具，设置字体为"叶友根毛笔行书2.0版"，设置字号为36，在文件左下方单击输入文字"锁麟囊"，明信片文件效果如图1-69所示。

图1-69　效果图2

（6）执行"文件"|"打开"命令，弹出"打开文件"对话框，找到"配套素材文件"|"项目一"文件夹，打开素材"1-5.psd"文件，选择移动工具将文件内容拖动到"明信片"文件的右上角，明信片文件效果如图1-70所示。

图1-70　效果图3

（7）在工具箱中选择"画笔工具"，设置"鼻尖大小"为4像素，按住Shift键，在文件中部按住鼠标向右侧拖动，绘制一条直线，效果如图1-71所示。

图1-71 效果图4

(8)重复执行步骤(7)绘制出三条直线,效果如图1-72所示。

图1-72 效果图5

(9)执行"文件"|"打开"命令,弹出"打开文件"对话框,找到"配套素材文件"|"项目一"文件夹,打开素材"1-6.psd"文件,选择移动工具将文件内容拖动到"明信片"文件的右下角,完成明信片制作,文件效果如图1-73所示。

图 1-73　效果图 6

# 上机实训——设计制作京剧形象展板

## 一、实训背景

京剧是中华民族的国粹,是中国传统文化的重要组成部分,本实例要以京剧为主题,制作国粹京剧的形象展板。

## 二、实训内容和要求

本任务制作的是一个国粹京剧的形象展板,要求把图像平均分为九份,其中第一排左上角的两个单元格放置文字主题,其余部分放置京剧图片。实例要使用 Photoshop 中的标尺、参考线等辅助工具制作完成。

## 三、实训步骤

(1) 运用标尺、参考线把图像平均分割为 9 份。
(2) 沿参考线绘制加粗直线。
(3) 利用"移动"工具将脸谱拖入相应的框内。
(4) 其中第一排左上角的两个单元格放置文字主题。
(5) 使用对齐命令对齐各个图层内容。

## 四、效果参考图

效果参考图如图 1-74 所示。

图 1-74　效果参考图

# 技能点测试

**1. 职业技能要求**

能根据网页端、客户端、移动端等不同应用环境的不同需求输出相应分辨率、尺寸、格式的图片。

**2. 选择题**

(1) 下列(　　)工具不属于辅助工具。
　　A. 参考线和网格线　　　　　　　　B. 标尺和度量工具
　　C. 画笔和铅笔工具　　　　　　　　D. 缩放工具和抓手工具

(2) 以下(　　)不是颜色模式。
　　A. RGB　　　　　B. Lab　　　　　C. HSB　　　　　D. 双色调

(3) 构成位图图像的最基本单位是(　　)。
　　A. 颜色　　　　　B. 像素　　　　　C. 通道　　　　　D. 图层

(4) 图像窗口标题栏文件名中显示的.tif 和.psd 所代表的是(　　)。
　　A. 文件格式　　　B. 分辨率　　　　C. 颜色模式　　　D. 文件名

(5) 下列选项中大量用于网页中的图像制作的是(　　)。
　　A. EPS　　　　　B. DCS2.0　　　　C. TIFF　　　　　D. JPEG

(6) 在 Photoshop 中渐变工具有(　　)种渐变形式。
　　A. 3　　　　　　B. 4　　　　　　C. 5　　　　　　D. 6

(7) Photoshop 图像分辨率的单位是(　　)。
　　A. dpi　　　　　B. ppi　　　　　C. lpi　　　　　D. pixel

(8) 在移动图像时,同时按(　　)组合键,可以水平、垂直方向移动图像。
　　A. Ctrl+C　　　　B. Ctrl　　　　　C. Shift　　　　　D. Alt

（9）Photoshop 默认的文件格式是（    ）。
　　A. BMP　　　　　B. GIF　　　　　C. JPG　　　　　D. PSD
（10）下面关于分辨率说法中正确的是（    ）。
　　A. 缩放图像可以改变图像的分辨率
　　B. 只降低分辨率不改变像素数
　　C. 同一图像中不同图层分辨率一定不同
　　D. 同一图像中不同图层分辨率一定相同

# 项目二

# DM单制作——图像选取与填充

**【项目导入】**

DM单是一种灵活方便的广告媒体，在推销各类产品的同时能展示宣传企业信息，广泛应用于产品销售、企业公关、广告文案等多个领域。本项目将为一家百货公司制作一款DM单。

**【项目分析】**

本项目使用创建选区的相关工具绘制选区，并使用渐变工具和油漆桶工具等绘制类工具完成图像填充，主要讲解DM单的组成要素、构图思路、版式布局技巧及制作流程。

**【能力目标】**

- 能够使用套索等工具创建选区，完成图像的选区工作。
- 能够使用绘制类工具完成选区的着色与填充。
- 能够使用选区运算命令完成选区的加减及相交运算。
- 能够完成选区的加、减及相交等运算。
- 能够对选区进行变换操作。
- 能够使用油漆桶、渐变工具填充图像。

**【知识目标】**

- 理解选区的作用。
- 掌握使用套索工具组、魔棒工具、快速选择工具创建选区的方法。
- 掌握定义图案、定义画笔的方法。

**【课程思政目标】**

陶瓷是中国的国粹，陶瓷文化承载着中华文明的千载荣光。项目选取瓷器作为素材，引导学生感受"共计一坯之力，过手七十二，方可成器"的手工制瓷过程，培养学生"精益求精、一丝不苟"的工匠精神。

# 任务一　DM 单设计分析及背景制作

## 一、DM 单设计分析

DM 单是 direct mail advertising 的省略表述，直译为"直接邮寄广告"，是一种主要通过邮寄、赠送等形式将宣传品直接传送到消费者手中的信息传达方式。

DM 单是区别于传统的广告刊载媒体（如报纸、电视、广播、网络等）的新型广告媒介载体。DM 单与其他媒体的最大区别在于它可以将广告信息直接传达给广大受众，而其他媒体只能将广告信息笼统地传达给所有受众，没有明确的针对性。

DM 单是一种非轰动性的广告，主要以自身的优势和良好的创意、设计、印刷以及富有吸引力的语言来吸引目标对象，以达到较好的信息传递效果。

DM 单的表现形式非常多样化，有传单、宣传册、折页、请柬以及卡片等形式。在设计 DM 单版面时，要追求版面的平衡，注意文字以及留白的编排，因为平衡效果好的版面会给人以美的感受。

不同类型的 DM 单在文字与图形的编排上有所不同。

**1. 日用杂货类 DM 单**

在日用杂货类 DM 单的版面编排上，文字一般采用大小标题的形式。在这类 DM 单中，文字要清晰，版面要整洁规范。

**2. 奢侈品 DM 单**

奢侈品一般包括珠宝、化妆品、汽车等高端产品。此类 DM 单中图片的编排可以根据版面的需要进行适当剪裁，有背景的四方形图片给人以高级感；版面以四方形图片为主，适当地添加或裁切图片则可以体现版面的休闲感。

**3. 食品 DM 单**

食品 DM 单一般以食物照片为主要图片，文字表达得再生动详细，也远不如一张充满诱惑力的照片作用大。运用色彩鲜亮的照片能很好地吸引人们的注意力，勾起人们的食欲。

## 二、油漆桶工具

使用油漆桶工具可以在图像中填充颜色或图案，它的填充范围是与鼠标单击处像素相同或相近的像素点。在工具箱中选择油漆桶工具 ，其选项栏如图 2-1 所示。

油漆桶工具

图 2-1　油漆桶工具选项栏

**1. 油漆桶工具选项栏**

（1）填充类型：默认的填充类型为"前景"，可以在图像中填充前景色；选择"图案"选项，此时右侧的"图案"下拉列表被激活，可以打开图案预设面板，选择填充的图案。

（2）模式：将当前图层与位于其下方的图层进行混合，从而产生另外一种图像显示效果，项目三中将详细介绍不同模式的作用。

（3）不透明度：不透明度决定内容显示的程度，当不透明度为100%时，填充的内容完全显示；当不透明度为0时，填充的内容完全隐藏。

（4）容差：容差用于定义一个颜色相似度（相对于用户所单击的像素），一个像素必须达到此颜色相似度才会被填充。容差值的范围可以从0到255，低容差会填充颜色值范围内与所单击像素非常相似的像素，容差值越大，填充的范围就越大。

（5）平滑边缘转换：选中该选项，可以平滑填充选区的边缘。

（6）只填充连续像素：选中该选项，可以填充与所单击像素邻近的像素；取消选中该选项，则填充图像中的所有相似像素。

（7）填充复合图像：选中该选项，可以使文件中的所有图层相似的连接区域都被同时进行填充。

**2. 填充前景色**

在"拾色器"对话框中设置前景色，单击即可使用油漆桶工具在图像或选区中填充颜色。

**3. 填充图案**

在填充类型下拉列表中选择"图案"选项，此时右侧的"图案"下拉列表被激活，单击其中的下拉按钮，会弹出图案预设面板，如图2-2所示。

单击面板中的填充菜单按钮 ▶，在弹出的菜单中，可以选择载入其他图案选项；Photoshop也允许用户自定义图案。

定义图案

**4. 自定义图案**

执行"编辑"|"定义图案"命令，可以自定义图案。在图像中，使用矩形选框工具绘制选区，将要定义的图像选中，然后执行"编辑"|"定义图案"命令，可以自定义图案。在使用矩形选框工具时，羽化值必须设定为零。例如，利用如图2-3所示的"花朵.jpg"素材文件，结合"图像大小"命令与"定义图案"命令，就可以定义图案，然后填充背景，效果如图2-4所示。

图2-2　图案预设面板

图2-3　花朵素材

图 2-4　效果图

## 三、渐变工具

**1. 渐变工具选项栏**

使用渐变工具可以创建出多种颜色间的逐渐混合,产生逐渐变化的色彩。有选区时,渐变工具在选区内填充颜色;否则,渐变填充将应用于整个图层。

在工具箱中选择渐变工具 ,其选项栏如图 2-5 所示。

图 2-5　渐变工具选项栏

渐变工具选项栏中各选项的含义如下。

(1) 颜色框:显示当前的渐变色和渐变类型。单击其右侧的下拉按钮,可以弹出更多渐变缩略图,在其中可以选择一种渐变颜色进行填充。单击渐变菜单按钮 ,在弹出的菜单中可以选择载入其他渐变选项。Photoshop 也允许用户自定义渐变图案。

(2) 渐变样式:渐变工具共有 5 种渐变类型,分别是"线性渐变""径向渐变""角度渐变""对称渐变""菱形渐变"。这 5 种渐变类型可以完成 5 种不同效果的渐变填充效果,其中默认的是"线性渐变"。5 种渐变类型的填充效果如图 2-6 所示。

(a) 线性渐变　　(b) 径向渐变　　(c) 角度渐变　　(d) 对称渐变　　(e) 菱形渐变

图 2-6　渐变样式的填充效果

(3) 反向:选中该选项,渐变颜色将与设置好的颜色顺序相反。

**2. 自定义渐变**

(1) 渐变编辑器

单击渐变工具选项栏中的颜色框,会弹出"渐变编辑器"对话框,如图 2-7 所示。

图 2-7 "渐变编辑器"窗口

"渐变编辑器"对话框中各选项的含义如下。

① 预设：显示当前状态下所有渐变样式缩略图。

② 名称：显示选中渐变缩略图的文字名称。

③ 不透明度色标：单击不透明度色标，"色标"选项组可用，可以设置色标的位置和不透明度。在起点与终点不透明度色标间的位置单击，可以添加不透明度色标。选中不透明度色标后单击"删除"按钮，可以删除不透明度色标。

④ 颜色色标：单击颜色色标，"色标"选项组可用，可以设置色标显示的前景色和位置。在起点与终点颜色色标间的位置单击，可以添加颜色色标。选中颜色色标后单击"删除"按钮，可以删除颜色色标。

（2）应用及保存自定义渐变

在颜色条中添加色标完成设置后，单击"确定"按钮，即可使用当前设置的渐变颜色。如果要保存当前的渐变颜色，可以单击"新建"按钮，渐变颜色缩略图将添加到预设面板中。

## 四、图像填充命令

图像的填充
与描边

**1．"填充"命令**

执行"编辑"|"填充"命令，可以为选区或选中的图层填充颜色或图案。"填充"命令与油漆桶工具填充的范围有所不同，油漆桶工具只能用于填充图像或选区中颜色相接近的区域，而"填充"命令则可以用于填充图像中的任意画面或选区。

**2．"描边"命令**

使用"描边"命令可以在选区或图层周围绘制彩色边框。选择要描边的区域或图层，执行"编辑"|"描边"命令，会弹出"描边"对话框，如图 2-8 所示。

"描边"对话框中各选项的含义如下。

① 宽度：可以设置边框的宽度。

项目二　DM单制作——图像选取与填充　47

图 2-8　"描边"对话框

② 颜色：单击色块可以显示拾色器，在拾色器中可以选择要描边的颜色。
③ 位置：可以指定在选区或图层边界的内部、外部还是中心描边。
为自行车选区添加描边后的效果如图 2-9 所示。

图 2-9　为选区添加描边后的效果

任务实践

（1）执行"文件"|"新建"命令，弹出"新建文档"对话框，设置"宽度"为"650 像素"、"高度"为"300 像素"、"分辨率"为"72 像素/英寸"、"颜色模式"为"RGB 颜色"，单击"确定"按钮，新建文件，如图 2-10 所示。

图 2-10　"新建文档"对话框

（2）在工具箱中选择油漆桶工具，在工具选项栏中将填充类型设置为"图案"，此时"图案"下拉列表被激活，如图2-11所示。

（3）单击图案菜单按钮，弹出"图案"下拉列表，如图2-12所示。

图2-11　"图案"下拉列表　　　　　　　　　图2-12　"图案"下拉菜单

（4）单击"彩色纸"按钮，弹出询问对话框，如图2-13所示。

（5）单击"追加"按钮追加"彩色纸"图案组。

（6）单击图案菜单按钮，在弹出的"图案"下拉列表中选择"仅文本"选项，弹出"图案"选项菜单，如图2-14所示。

图2-13　询问对话框　　　　　　　　　图2-14　"图案"选项菜单

（7）单击"描图纸"按钮，选中填充图案。

（8）在文件中单击填充图案，完成 DM 单背景效果的制作，效果如图 2-15 所示。

图 2-15　DM 单背景效果

（9）执行"文件"|"打开"命令，打开"打开文件"对话框，找到"配套素材文件"|"项目二"文件夹，打开"2-1.psd"文件，如图 2-16 所示。

图 2-16　素材效果图

（10）在工具箱中选择移动工具，单击将素材拖动到"DM 单"文件中，靠右居中摆放，效果如图 2-17 所示。

图 2-17　效果图

（11）执行"文件"|"存储"命令，弹出"另存为"对话框，如图 2-18 所示。

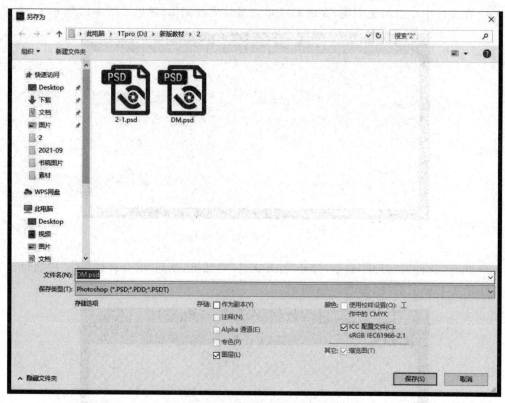

图 2-18 "另存为"对话框

（12）设置文件存储位置，单击"保存"按钮，完成文件的存储。

# 任务二　DM 单背面效果制作

 知识储备

### 一、选区概述

选区是一个用来隔离图像的封闭区域，它可以将操作限定在选定的区域内，这样就可以对图像的局部进行处理，而选区外的图像将不会受到影响。如果没有创建选区，则编辑操作将对整个图像产生影响。创建了选区之后，闪烁的选区边界看上去就像是沿着一个圈行进的蚂蚁，因此在 Photoshop 中，选区又被称为蚁行线。Photoshop 提供了大量的选择工具和选择命令，它们都有各自的特点，适合选择不同类型的对象。例如，边缘为圆形、椭圆形和矩形的对象，可以使用选框工具来选择；边缘为直线的对象，可以使用多边形套索工具来选择；如果对选区的形状和准确度要求不高，可以使用套索工具徒手快速绘制选区。

### 二、选框工具组

选框工具组

选框工具组包括矩形选框工具 、椭圆选框工具 、单行选框工具 和单列选框工具 ，它们适用于创建规则选区。

**1. 矩形选框工具**

矩形选框工具用于创建矩形和正方形选区。按住 Shift 键拖动光标，可以绘制以按下鼠标左键位置为起点的正方形选区；按住 Alt 键拖动光标，可以绘制以按下鼠标左键位置为中心的矩形选区，如图 2-19 所示；按住 Alt＋Shift 组合键拖动光标，可以绘制以按下鼠标左键位置为中心的正方形选区，如图 2-20 所示。

图 2-19　矩形选区

图 2-20　方形选区

矩形选框工具选项栏如图 2-21 所示。

图 2-21　矩形选框工具选项栏

矩形选框工具选项栏中部分选项的含义如下。

① 羽化：用于设置选区的羽化范围。

② 样式：用于设置选区的创建方法。选择"正常"选项，可以通过拖动光标创建任意大小的选区；选择"固定比例"选项，可以在右侧的"宽度"和"高度"文本框中输入数值，创建固定比例的选区；选择"固定大小"选项，可以在"宽度"和"高度"文本框中输入选区的宽度和高度值，在画面中单击即可创建固定大小的选区。

**2. 椭圆选框工具**

椭圆选框工具用于创建椭圆和圆形选区。按住 Shift 键拖动光标，可以绘制以按下鼠标左键位置为起点的圆形选区；按住 Alt 键拖动光标，可以绘制以按下鼠标左键位置为中心的椭圆选区，如图 2-22 所示；按住 Alt＋Shift 组合键拖动光标，可以绘制以按下鼠标左键位置为中心的圆形选区，如图 2-23 所示。

图 2-22　椭圆选区

图 2-23　圆形选区

椭圆选框工具选项栏如图 2-24 所示。

图 2-24　椭圆选框工具选项栏

椭圆选框工具与矩形选框工具的选项完全相同，只是该工具可以使用"消除锯齿"功能。在工具选项栏中选中"消除锯齿"复选框后，Photoshop 会在选区边缘一个 px（像素）宽的范围内添加与周围图像相近的颜色，使选区看上去很光滑，如图 2-25 所示。这项功能在剪切、复制和粘贴选区以合成图像时非常有用。

### 3. 单行选框工具和单列选框工具

使用单行选框工具或单列选框工具只能创建高度为 1px 的行或宽度为 1px 的列，可以用于制作网格，如图 2-26 所示。

(a) 没有消除锯齿　　(b) 消除锯齿

图 2-25　没有消除锯齿与消除锯齿效果对比

图 2-26　使用单行、单列选框工具制作网格

套索工具组

## 三、套索工具组

套索工具组包括套索工具 、多边形套索工具 、磁性套索工具 ，适用于创建不规则选区。

### 1. 套索工具

套索工具是一种使用灵活、形状自由的选区绘制工具。在图像轮廓边缘任意位置按下鼠标左键设置绘制的起点，拖动光标到任意位置后释放鼠标左键即可创建出形状自由的选区，如图 2-27 所示。

### 2. 多边形套索工具

在图像轮廓边缘任意位置单击设置绘制的起点，移动光标到合适的位置，再次单击设置转折点，直到鼠标光标与最初设置的起点重合（此时光标的下面多了一个小圆圈），然后在重合点上单击即可创建出选区，如图 2-28 所示。

图 2-27　使用套索工具绘制选区

按住 Shift 键，可以控制在水平、垂直 45°方向绘制，按住 Delete 键或者 Backspace 键可以逐步撤销已绘制的线段。

在使用多边形套索工具时，按住 Alt 键并拖动光标，可以切换为套索工具，放开 Alt 键可以恢复为多边形套索工具。

### 3. 磁性套索工具

磁性套索工具可以自动识别对象的边界，如果对象边缘较为清晰，并且与背景对比明显，则可以使用该工具选择对象。

图 2-28 使用多边形套索工具绘制选区

在图像边缘单击设置绘制的起点,然后沿图像的边缘移动光标,选区会自动吸附在图像中对比最强烈的边缘,如果选区的边缘没有吸附在正确的图像边缘,可以通过单击添加一个紧固点来确定要吸附的位置,再移动光标,直到光标与最初设置的起点重合,然后单击即可创建出选区,如图 2-29 所示。

图 2-29 使用磁性套索工具绘制选区

在使用磁性套索工具绘制选区的过程中,按住 Alt 键并在其他区域单击,可切换为多边形套索工具创建直线选区;按住 Alt 键并拖动光标,可切换为套索工具。

图 2-30 所示为磁性套索工具选项栏。

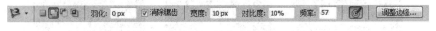

图 2-30 使用磁性套索工具选项栏

磁性套索工具选项栏中各选项的含义如下。

(1) 宽度:该值决定了以光标中心为基准,其周围有多少像素能够被工具检测到。如果对象的边缘清晰,则可以使用一个较大的宽度值;如果边缘不是特别清晰,则需要使用一个较小的宽度值。

(2) 对比度:用来设置工具感应图像边缘的灵敏度。较高的数值只检测与它们周围环境对比鲜明的边缘,较低的数值则检测低对比度边缘。如果图像的边缘清晰,则可以将该值设置得高一些;如果边缘不是特别清晰,则应设置得低一些。

(3) 频率:在使用磁性套索工具创建选区的过程中会生成许多锚点,频率决定了锚点的数量。该值越高,生成的锚点越多,捕捉到的边界越准确,但过多的锚点会使选区的边缘不够光滑。

(4) 钢笔压力 :如果计算机配置有压感笔,可以按下该按钮,Photoshop 会根据压感笔的压力自动调整工具的检测范围,增大压力将导致边缘宽度减小。

## 四、魔棒工具

魔棒工具 主要用于选择图像中面积较大的单色区域或相近的颜色。其使用方法非常

魔术棒工具

简单，在要选择的颜色范围内单击即可将图像中与光标落点相同或相近的颜色全部选中，如图 2-31 所示。

图 2-31 使用魔棒工具创建选区

魔棒工具选项栏如图 2-32 所示。

图 2-32 魔棒工具选项栏

魔棒工具选项栏中各选项的含义如下。

（1）容差：用来设置系统选择颜色的范围，即选区允许的颜色容差值。该数值的范围是 0~255。容差值越大，相应的选区越大；容差值越小，相应的选区越小，如图 2-33 所示。

(a) 容差为30　　　　(b) 容差为60　　　　(c) 容差为100

图 2-33 不同容差值对应的选区范围

（2）连续：选中该复选框，则只选择颜色连接的区域，如图 2-34 所示；取消选中该复选框，则可以选择与单击点颜色相近的区域，包括没有连接的区域，如图 2-35 所示。

图 2-34 选中"连续"复选框　　　　图 2-35 取消选中"连续"复选框

## 五、选区的基本操作

**1. 全选与反选**

执行"选择"|"全部"命令,或按 Ctrl+A 组合键,可以选择当前文档边界内的全部图像,如图 2-36 所示;如果需要复制整个图像,则可以先执行该命令,再按 Ctrl+C 组合键进行复制。

创建选区之后,执行"选择"|"反向"命令,或按 Shift+Ctrl+I 组合键反向选择选区,即选择图像中未被选中的部分,如图 2-37 和图 2-38 所示。

**2. 取消选择与重新选择**

创建选区后,执行"选择"|"取消选择"命令,或按 Ctrl+D 组合键,可以取消选择。如果要恢复被取消的选区,则可以执行"选择"|"重新选择"命令。

图 2-36 全选图像

图 2-37 初始选区

图 2-38 反向选择选区

**3. 选区的运算**

如果图像中已经创建了选区,则结合使用选区运算按钮以及选框工具、套索工具和魔棒工具,可以使当前选区与新创建的选区进行运算,生成所需要的选区。例如,原始选区如图 2-39 所示,使用不同的选区运算按钮可以完成如下效果。

选区的运算

(1) 新建选区 ▣:单击该按钮后,新创建的选区会替换掉原有的选区。

(2) 添加到选区 ▣:单击该按钮后,可以在原有选区的基础上添加新的选区,如图 2-40 所示。

图 2-39 原始选区

图 2-40 添加到选区

（3）从选区中减去 ：单击该按钮后，可以在原有选区的基础上减去新创建的选区，如图2-41所示。

（4）与选区交叉 ：单击该按钮后，新建选区时只保留原有选区与新创建的选区相交的部分，如图2-42所示。

图 2-41　从选区中减去　　　　　　　　图 2-42　选区交叉

使用快捷键也可以完成选区的运算，按住 Shift 键可以在当前选区上添加选区；按住 Alt 键可以在当前选区中减去绘制的选区；按住 Shift＋Alt 组合键可以得到与当前选区相交的选区。

**4．移动选区**

（1）创建选区时移动选区：使用矩形选框、椭圆选框工具创建选区时，在释放鼠标左键前按住空格键拖动光标。

（2）创建选区后移动选区：创建了选区后，如果新选区按钮为按下状态，则使用选框、套索和魔棒工具时，只要把光标放在选区内，按下鼠标左键并拖动光标即可，如图 2-43 所示。如果要轻微移动选区，也可以使用键盘中的方向键进行操作。

图 2-43　移动选区

**5．显示与隐藏选区**

创建选区后，执行"视图"|"显示"|"选区边缘"命令，或者按 Ctrl＋H 组合键，可以隐藏选区。选区虽然看不见了，但它依然存在，并限定用户操作的有效区域。如果需要重新显示选区可按 Ctrl＋H 组合键。

（1）执行"文件"|"打开"命令，打开"打开文件"对话框，找到"配套素材文件"|"项目二"文件夹，打开"2-2.jpg"文件。

（2）在工具箱中选择椭圆选框工具，在素材中心位置单击，按住 Shift＋Alt 组合键创建一个正圆选区，效果如图 2-44 所示。

（3）在工具箱中选择移动工具，在圆形选区内单击，拖动选区内容到"DM单"文件中。

（4）按 Ctrl＋T 组合键显示变换控件，向内拖动光标缩小素材，并摆放到合适位置，效果如图 2-45 所示。

图 2-44　添加选区

图 2-45　效果图 1

(5) 执行"文件"|"打开"命令,打开"打开文件"对话框,找到"配套素材文件"|"项目二"文件夹,打开"2-3.jpg"文件。

(6) 在工具箱中选择魔棒工具,在白色背景处单击,选中背景,效果如图 2-46 所示。

(7) 按住 Shift+Ctrl+I 组合键,将选区反向选择,效果如图 2-47 所示。

(8) 在工具箱中选择移动工具,在圆形选区内单击,拖动选区内容到"DM单"文件中。按 Ctrl+T 组合键,显示变换控件,向内拖动光标缩小素材,并摆放到合适位置,效果如图 2-48 所示。

图2-46　选中背景

图2-47　反选选区

图2-48　效果图2

(9) 执行"文件"|"打开"命令,打开"打开文件"对话框,找到"配套素材文件"|"项目二"文件夹,打开"2-4.jpg"文件。

(10) 在工具箱中选择快速选择工具,在背景处单击,不断扩大选择范围,直到选中所有背景,效果如图2-49所示。

(11) 重复执行步骤(7)和步骤(8),将素材摆放到合适位置,效果如图2-50所示。

(12) 执行"文件"|"打开"命令,打开"打开文件"对话框,找到"配套素材文件"|"项目二"文件夹,打开"2-5.jpg"文件。

(13) 在工具箱中选择魔棒工具,在白色背景处单击,选中背景,效果如图2-51所示。

(14) 按住Shift+Ctrl+I组合键,将选区反向选择。重复执行步骤(7)和步骤(8),将素材摆放到合适位置,效果如图2-52所示。

(15) 执行"文件"|"打开"命令,打开"打开文件"对话框,找到"配套素材文件"|"项目二"文件夹,打开"2-6.jpg"文件。

项目二　DM单制作——图像选取与填充　59

图 2-49　选中背景

图 2-50　效果图 3

图 2-51　创建选区

图 2-52　效果图 4

(16) 重复执行步骤(10)和步骤(11)将素材摆放到合适位置,效果如图 2-53 所示。

图 2-53　效果图 5

(17) 在图层面板中单击新建图层按钮,创建图层。选择椭圆选框工具,在瓷碗素材底部绘制选区,按 Shift+F6 组合键添加 5 像素的羽化值。

(18) 设置前景色为灰色(#848484),按 Alt+Delete 组合键,为素材创建阴影,效果如图 2-54 所示。

图 2-54　效果图 6

（19）重复执行步骤（17）和步骤（18），为其他两个素材创建阴影效果，效果如图 2-55 所示。

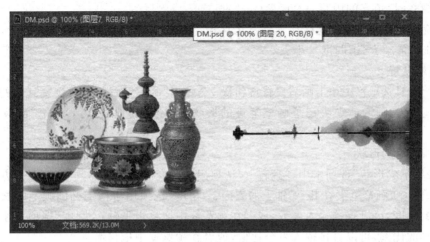

图 2-55　效果图 7

（20）执行"文件"|"存储"命令，设置文件存储位置，单击"确定"按钮，完成文件的存储。

## 任务三　DM 单正面效果制作

### 一、画笔工具

**1. 画笔工具选项栏**

画笔工具  是图像处理过程中使用较频繁的绘制工具，常用来绘制边缘较为柔软的线条，其效果类似毛笔画出的线条，也可以绘制特殊形状的线条效果。

选择工具箱中的画笔工具，其选项栏如图 2-56 所示。

图 2-56　画笔工具选项栏

画笔工具选项栏中各选项的含义如下。

（1）画笔笔尖：单击画笔笔尖下拉按钮，会弹出画笔笔尖面板，在该面板中可以选择画笔笔尖的形状，更改笔尖大小以及硬度，如图 2-57 所示。

① 大小：用于设置画笔笔尖直径，数值范围为 1～2500 像素。

② 硬度：数值范围为 0～100%。硬度为 100% 时，画笔称为硬边画笔，这类画笔绘制的线条不具有柔和的边缘；硬度为 0 时，画笔称为软画笔，这类画笔绘制的线条具有柔和的边缘。

（2）模式：将当前图层与位于其下方的图层进行混合，从

图 2-57　画笔笔尖面板

而产生另外一种图像显示效果,项目三中将详细介绍不同模式的作用。

(3) 不透明度:决定内容显示的程度。当不透明度为100%时,填充的内容完全显示;当不透明度为0时,填充的内容完全隐藏。

(4) 流量:用于设置当光标移动到某个区域上方时应用颜色的速率。流量值越小,透明度越大;流量值越大,透明度越小。

画笔绘制
装饰元素

**2. 画笔设置**

在画笔工具选项栏中单击画笔设置按钮 ,会弹出"画笔"面板,通过设置其中的选项可以自定义画笔笔尖,画笔笔尖决定了画笔笔迹的形状、直径和其他特性。"画笔"面板如图2-58所示。

(1) 画笔笔尖形状

在"画笔笔尖形状"选项卡中,"翻转X"选项用于改变画笔笔尖在其X轴上的方向,"翻转Y"选项用于改变画笔笔尖在其Y轴上的方向;"角度"选项用于指定椭圆画笔的长轴从水平方向旋转的角度,可以直接输入度数,或者在预览框中拖移水平轴;"圆度"选项用于指定画笔短轴和长轴的比率,可以直接输入百分比值,或者在预览框中拖移箭头。

(2) 形状动态

在"画笔"面板中,选中"形状动态"复选框;如果要编辑形状动态的相关参数,则可以单击"形状动态"选项,打开"形状动态"选项卡,如图2-59所示。

图2-58 "画笔"面板

图2-59 "形状动态"选项卡

"形状动态"选项卡中各选项的含义如下。

① 大小抖动:指定描边中画笔笔迹大小的改变方式。大小抖动的数值越大,抖动的效果越明显,笔刷圆点间的大小反差越大。如果大小抖动的数值是0,则元素在描边路线中不改变;如果是100%,则元素具有最大数量的随机性。

② 控制:指定如何控制画笔笔迹的大小变化。选择"关"选项,表示不控制画笔笔迹的大小变化;选择"渐隐"选项,表示可以按照指定数量的步长在初始直径和最小直径之间渐隐画

笔笔迹的大小,指的是从大到小或从多到少的变化过程,是一种状态的过渡;选择"钢笔压力""钢笔斜度"或"光笔轮"选项,则可以基于钢笔压力、钢笔斜度或钢笔拇指轮位置,在初始直径和最小直径之间改变画笔笔迹的大小。

③ 角度抖动:指定描边中画笔笔迹角度的改变方式。

④ 圆度抖动:指定描边中画笔笔迹圆度的改变方式。

例如,选择直径为 35px 的硬笔刷,在"画笔"面板中设置"间距"为 135%,在"形状动态"选项卡中设置"大小抖动"为 80%,拖动笔刷,效果如图 2-60 所示。

图 2-60　形状动态效果图

(3) 散布

"散布"选项用于确定描边中笔迹的数目和位置。单击"散布"选项,打开"散布"选项卡,如图 2-61 所示。

"散布"选项卡中各选项的含义如下。

① 散布:指定画笔笔迹在描边中的分布方式,数值越大,散布范围越广。

② 两轴:选中该选项时,画笔笔迹按径向分布;取消选中该选项时,画笔笔迹垂直于描边路径分布。

③ 数量:指定在每个间距间隔应用的画笔笔迹数量。

④ 数量抖动:指定画笔笔迹的数量如何针对各种间距间隔而变化。

例如,选择枫叶笔尖形状,大小设置为 74px,拖动光标产生散布、形状动态与颜色动态效果,如图 2-62 所示。

(4) 纹理

"纹理"选项用于为画笔的笔迹加上图案效果。

(5) 双重画笔

"双重画笔"选项用于使用两个笔尖创建画笔笔迹,使绘制的笔触效果更加丰富多彩。

图 2-61　"散布"选项卡

图 2-62 散布效果图

(6) 颜色动态

"颜色动态"选项用于确定画笔笔迹颜色的变化方式,可以绘制出丰富的色彩图像。"颜色动态"选项卡如图 2-63 所示。

"颜色动态"选项卡中各选项的含义如下。

① 前景/背景抖动:指定前景色和背景色之间的色彩变化方式。

② 色相抖动:指定画笔笔迹中色相可以改变的百分比。较低的值会在改变色相的同时保持接近前景色的色相,较高的值会增大色相间的差异。

③ 饱和度抖动:指定画笔笔迹中颜色饱和度可以改变的百分比。较低的值会在改变饱和度的同时保持接近前景色的饱和度,较高的值会增大饱和度级别之间的差异。

④ 亮度抖动:指定画笔笔迹中颜色亮度可以改变的百分比。较低的值会在改变亮度的同时保持接近前景色的亮度,较高的值会增大亮度级别之间的差异。

⑤ 纯度:增大或减小颜色的饱和度。合法数值为介于 −100 和 100 之间的百分比值。如果该值为 −100,则颜色将完全去色;如果该值为 100,则颜色将完全饱和。

图 2-63 "颜色动态"选项卡

(7) 传递

"传递"选项用于设定画笔笔迹中颜色不透明度与流量如何变化。

(8) 杂色

"杂色"选项用于在笔刷的边缘产生杂边,也就是毛刺的效果。杂色没有数值调整,它和笔刷的硬度有关,硬度越小,杂边效果越明显;而硬度大的笔刷,杂边效果不明显。

（9）湿边

"湿边"选项用于将笔刷的边缘颜色加深,看起来如同水彩笔的效果。

（10）喷枪

喷枪是一种随着停留时间延长,逐渐增加色彩浓度的画笔使用方式。

（11）平滑

"平滑"选项用于让光标在快速移动中也能够绘制较为平滑的线段。

（12）保护纹理

"保护纹理"选项用于将相同的图样套用到所有拥有纹理的笔刷预设集。在使用多个纹理笔尖绘画时,选择该选项,可以模拟一致的版面纹理。

灵活运用画笔笔尖形状的设定及画笔设置选项,多次变换笔尖大小、形状、颜色,结合形状动态等设置,可以制作出丰富的特殊效果。例如,图 2-64 中的大多数效果就都是使用画笔工具绘制的。

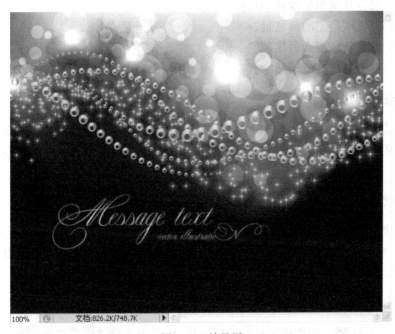

图 2-64　效果图

**3. 自定义画笔**

使用选区工具,在图像中创建要作为画笔的选区,画笔形状的大小最大可达 2500 像素×2500 像素。执行"编辑"|"定义画笔预设"命令,在弹出的"画笔名称"对话框中单击"确定"按钮即可定义画笔预设。

## 二、铅笔工具

铅笔工具 常用来画一些棱角突出的线条,如同平常使用铅笔绘制的图形。铅笔工具的选项栏与画笔工具基本相同,但多了一个"自动抹除"复选框。当"自动抹除"复选框被选中后,铅笔工具可实现擦除功能,也就是说,在与前景色颜色相同的图像区域绘图时,会自动擦除前景色而填入背景色。

### 三、颜色替换工具

颜色替换工具 ![] 的作用就是用设置的颜色替换原有的颜色,而且它除可以使用颜色模式替换外,还可以使用色相、饱和度、亮度等模式进行替换。

### 四、混合器画笔工具

混合器画笔工具 ![] 可用于模拟真实的绘画技术,如混合画布上的颜色、组合画笔上的颜色以及在描边过程中使用不同的绘画湿度。混合器画笔工具选项栏如图2-65所示。

图2-65　混合器画笔工具选项栏

混合器画笔工具选项栏中各选项的含义如下。
(1)潮湿:设置从画布拾取的颜色量。
(2)载入:设置画笔上的颜色量。
(3)混合:设置颜色混合的比例。
(4)流量:设置描边的流动速率。

### 五、橡皮擦工具

橡皮擦工具 ![] 用于擦除图像颜色,并在擦除的位置填入背景色,如果擦除的内容是透明的图层,那么擦除后会变为透明。使用橡皮擦工具时,可以在"画笔"面板中设置不透明度、渐隐和湿边。

### 六、背景橡皮擦工具

背景橡皮擦工具 ![] 与橡皮擦工具一样,也用来擦除图像中的颜色,但两者有所区别,即背景橡皮擦工具在擦除颜色后不会填上背景色,而是将擦除的内容变为透明。如果所擦除的图层是背景层,那么使用背景橡皮擦工具擦除后,会自动将背景层变为普通图层。

### 七、魔术橡皮擦工具

魔术橡皮擦工具 ![] 与橡皮擦工具的功能一样,可以用来擦除图像中的颜色。该工具可以擦除一定容差度内的相邻颜色,擦除后会变为透明图层。

### 任务实践

(1)选择横排文字工具,设置字体为"书体坊禚效锋行草体",字号为60点,前景色颜色为黑色,输入文字"国宝瓷器展",效果如图2-66所示。
(2)选择横排文字工具,设置字体为"华文行楷",字号为14点,前景色颜色为黑色,输入文字"一场与历史的亲密对话",效果如图2-67所示。
(3)选择横排文字工具,设置字体为"华光细黑_CNKI",字号为12点,前景色颜色黑色,输入文字"咨询电话 0531-666688888",效果如图2-68所示。
(4)执行"文件"|"打开"命令,打开"打开文件"对话框,找到"配套素材文件"|"项目二"文件夹,打开"2-7.psd"文件。

图 2-66　输入文字效果图 1

图 2-67　输入文字效果图 2

图 2-68　输入文字效果图 3

（5）在工具箱中选择移动工具，将"2-7.psd"文件中的"图层 1"移动到"DM 单"文件右下角，缩放到合适大小，效果如图 2-69 所示。

（6）在工具箱中选择移动工具，将"2-7.psd"文件中的图层 2 移动到"DM 单"文件右下角，缩放到合适大小，效果如图 2-70 所示。

图 2-69　移动图层效果图 1

图 2-70　移动图层效果图 2

（7）执行"文件"|"打开"命令，打开"打开文件"对话框，找到"配套素材文件"|"项目二"文件夹，打开"2-8.psd"文件。

（8）在工具箱中选择移动工具，将"2-8.psd"文件中的图层 1 移动到"DM 单"文件右上方，缩放到合适大小，效果如图 2-71 所示。

图 2-71　移动图层效果图 3

（9）在工具箱中选择移动工具，将"2-8.psd"文件中的图层2移动到"DM单"文件文字上方，缩放到合适大小，效果如图2-72所示。

图2-72 移动图层效果图4

（10）执行"文件"|"存储"命令，设置文件存储位置，单击"确定"按钮，完成文件的存储。

# 上机实训——设计制作宣传单

## 一、实训背景

为配合"阳光小屋"甜品店的开业活动，增强与顾客的交流，使顾客的利益最大化，在每本宣传画册内部均包含一张提货券。

## 二、实训内容和要求

本实训要设计一张提货券作为宣传单使用，采用橙黄渐变色为背景，利用选区工具选取精美实物图片，以增进顾客食欲，设置羽化值创建边缘模糊效果，使素材更好地融入背景。

## 三、实训步骤

（1）新建"提货券"文件。

（2）在工具箱中选择渐变工具，在渐变工具选项栏中单击颜色框下拉按钮，选择"橙、黄、橙"渐变；在按住Shift键的同时，从文件上方向文件下方拖动光标，填充渐变色。

（3）设置前景色为黑色（R：11，G：11，B：5）；选择文字工具，设置字体为"华文新魏"、字号为48点，输入文字"椰香木瓜红豆沙"。

（4）打开素材"2-9.jpg"文件，选择椭圆选框工具，设置羽化值为10像素，框选甜品图片，使用移动工具移动图片到"提货券"文件中。

（5）设置前景色为黑色（R：0，G：0，B：0）；选择文字工具，设置字体为"华文新魏"、字号为24点，输入文字"提货券"。

（6）执行"文件"|"存储为"命令，弹出"存储为"对话框，设置文件存储位置，单击"确定"按钮。

## 四、实训素材及效果参考图

图 2-73 为素材图、图 2-74 为效果参考图。

图 2-73  素材图

图 2-74  效果参考图

# 技能点测试

**1. 职业技能要求**

能使用图像处理软件对图片进行抠图与提取；能使用画笔工具绘制图片形状，涂抹图形颜色，添加笔刷等效果。

**2. 选择题**

（1）建立选区时，要移动选区中的对象，可以按（　　）辅助键。

  A. Shift      B. Ctrl      C. Alt      D. 空格

（2）在 Photoshop 中，可以根据 PX 颜色的近似程度来填充颜色，用于填充前景色或连续图案的是（　　）。

  A. 魔术橡皮擦工具      B. 背景橡皮擦工具

  C. 渐变填充工具      D. 油漆桶工具

（3）Photoshop 中利用单行或单列选框工具选中的是（　　）。

  A. 拖动区域中的对象      B. 图像横向或竖向的 PX

　　　　C. 一行或一列 PX　　　　　　　　　D. 当前图层中的 PX

（4）在 Photoshop 中，如果想在现有选择区域的基础上增加选择区域，应按住（　　）键。
　　　　A. Shift　　　　B. Ctrl　　　　C. Alt　　　　D. Tab

（5）（　　）可以用于选择连续的相似颜色的区域。
　　　　A. 矩形选择工具　　　　　　　　　B. 椭圆选择工具
　　　　C. 魔术棒工具　　　　　　　　　　D. 磁性套索工具

（6）在 Photoshop 中使用矩形选框工具创建矩形选区时，得到的是一个具有圆角的矩形选择区域，其原因是（　　）。
　　　　A. 拖动矩形选择工具的方法不正确
　　　　B. 矩形选框工具具有一个较大的羽化值
　　　　C. 使用的是圆角矩形选框工具而非矩形选框工具
　　　　D. 所绘制的矩形选区过大

（7）（　　）可以用于所有图层。
　　　　A. 魔棒工具　　　　　　　　　　　B. 矩形选框工具
　　　　C. 椭圆选框工具　　　　　　　　　D. 套索工具

（8）在 Photoshop 中利用橡皮擦工具擦除背景层中的对象时，被擦除区域填充（　　）。
　　　　A. 黑色　　　　B. 白色　　　　C. 透明　　　　D. 背景色

（9）Photoshop 的当前状态为全屏显示，而且未显示工具箱及任何面板，在此情况下，（　　），能够使其恢复为显示工具箱、面板及标题栏的正常工作显示状态。
　　　　A. 先按 F 键，再按 Tab 键
　　　　B. 先按 Tab 键，再按 F 键
　　　　C. 先按两次 F 键，再按两次 Tab 键
　　　　D. 先按 Ctrl+Shift+F 组合键，再按 Tab 键

（10）Photoshop 允许一个图像显示的最大比例是（　　）。
　　　　A. 100.00%　　　　B. 200.00%　　　　C. 600.00%　　　　D. 1600.00%

（11）创建矩形选区时，如果弹出警示对话框并提示"任何像素都不大于 50% 选择，选区边将不可见"，其原因可能是（　　）。
　　　　A. 创建矩形选区前没有将固定长宽值设定为 1∶2
　　　　B. 创建选区前在属性栏中羽化值设置小于选区宽度的 50%
　　　　C. 创建选区前没有设置羽化值
　　　　D. 创建选区前在属性栏中设置了较大的羽化值，但创建的选区范围不够大

（12）可以使一个浮动选区旋转一定角度的正确操作是（　　）。
　　　　A. 执行"编辑"｜"变换"｜"旋转"命令
　　　　B. 应用移动工具，将光标放置在选区边角处，按住鼠标左键拖动
　　　　C. 执行"选择"｜"变换选区"命令，选区周围出现变形框，当光标变为形状时，按住鼠标左键拖动
　　　　D. 应用矩形选框工具，将光标放置在选区边角处，按住鼠标左键拖动

（13）使用椭圆选框工具时，如果在其工具属性栏内设置"正常"选项，需要按住（　　）

组合键才可以绘制出以光标落点为中心的正圆选区。

    A. Ctrl+Alt         B. Alt+Shift

    C. Ctrl+Shift        D. Ctrl+Alt+Shift

 （14）魔棒工具和磁性套索工具的工作原理都是（  ）。

    A. 根据取样点的颜色像素来选择图像

    B. 根据取样点的生成频率来选择图像

    C. 设定取样点，一次性选取与取样点颜色相同的图像

    D. 根据容差值来控制选取范围，取值范围为0～255

 （15）能够反转选区的组合键是（  ）。

    A. Ctrl+I          B. Ctrl+H

    C. Ctrl+Shift+I        D. Ctrl+D

# 项目三

# 中秋节海报制作——图层详解

【项目导入】

海报是平面设计的重要组成部分,是以宣传某一物体或事件为目的设计活动,重点是通过视觉元素向受众准确地表达诉求点。本项目通过制作大学生音乐节宣传海报,体现传播信息及时、成本费用低、制作简便等特点。

【项目分析】

本项目为中国传统文化制作节日宣传海报,通过图层基本知识的讲解和利用完成主体画面的制作;通过对海报文字进行图层样式的设定完成特效文字的制作;通过图层模式完成背景的制作。

【能力目标】

- 能够理解图层的基本原理。
- 能够利用图层的混合选项制作图层样式。
- 能够理解混合模式的原理并利用混合模式更改图像效果。

【知识目标】

- 熟悉图层的概念及基本操作。
- 掌握图层的混合模式。
- 掌握图层的样式设计。

【课程思政目标】

中华传统节日是民族文化、民族精神与民族情感的统一体。中秋节是我国"七大中华传统节日"之一。项目选取中秋佳节公益海报制作为主题,引导学生传承重视家庭伦理、尊重自然规律、崇尚和谐生活的民族精神和节日底蕴,坚定文化自信,增强民族文化认同感。

# 任务一　中秋节海报主体制作

## 一、海报设计分析

海报即招贴,是当今信息传递的主要手段之一,是指张贴在公共场所的告示和印刷广告。在编排方面,海报招贴设计版面通常采用简洁夸张的手法,突出主题,达到强烈的视觉效果,从而吸引人们的注意,因此,海报招贴作为一种视觉传达艺术,最能体现平面设计的形式特征。

**1. 海报的种类**

海报按其应用不同大致分为三种,即商业海报、艺术海报和公益海报。

商业海报是指宣传产品或商业服务的商业广告性海报,是最常见的海报形式。该类海报的设计,要恰当地配合产品的格调和受众对象。它包括各类商品的宣传海报、服务类海报、旅游类海报、电影海报等。

艺术类海报是一种以海报形式表达美术创新观念的艺术作品,包括各类画展、设计展的海报。

公共海报包括宣传环保、交通安全、禁烟、禁毒、防火、防盗等公益类海报,还包括宣传政府部门指定的政策与法规的非公益类海报。

**2. 海报的构成要素**

图形、文字和文案是构成海报的三大要素。

图形一般是指文字以外的视觉要素,包括摄影、绘画、标志、图案等。色彩是最重要的视觉元素,会使人产生不同的联想和心理感受,可以为商品营造独具个性的品牌魅力。

海报的文案包括海报的标题、正文、标语和随文等,好的文案不仅能直接体现产品的最佳利益点,还应与海报中的图形、色彩有机结合,产生最佳的视觉效果。

**3. 海报招贴的常用表现手法**

海报招贴设计在版面上要求简洁明了,信息突出。在色彩上常以大块面积色彩进行版面编排,以客观直白的色彩吸引人们的注意。招贴设计作为户外的广告,具有面积大的特征,在版面上应尽量使用最简洁、大面积的图形以及较大的字体。版面具有明确的分区,使其具有强烈的对比与视觉冲击力,从而达到吸引人们注意的目的。

(1) 直接展示法

直接展示法这是最常见且运用十分广泛的一种表现手法,将某种产品或主题直接如实地展示在广告版面上,充分运用摄影或绘画等写实表现能力。刻画并着力渲染产品的质感、形态和功能用途,将产品精美的质地呈现出来,给人以逼真的现场感,使消费者对所宣传的产品产生一种亲切感和信任感。

(2) 对比法

对比法是一种趋向于对立冲突的表现手法,把作品中所描绘的事物的性质和特点放在鲜明的对照和直接的对比中来表现,从对比所呈现的差别中集中、简洁地表现事物特性。

(3) 合理夸张法

借助想象,对广告作品中所宣传的对象的品质或特性的某个方面进行相当明显的夸大,以加深人们对这些特征的认识。通过夸张手法能更鲜明地强调或揭示事物的实质,加强作品的艺术效果。

（4）特写法

对图像进行放大特写,使画面具有强烈的视觉效果,画面简洁明了。

海报设计讲求创意和冲击力,要配以精彩的文案,力求使我们的作品立体地呈现出企业的产品、文化、理念,与多数图片加文字堆砌组合的普通设计形成鲜明的对比,具有强烈的视觉冲击力,注重实用和创新。

**4. 海报设计的五大原则**

（1）单纯：形象和色彩必须简单明了。

（2）统一：海报的造型与色彩必须和谐,要具有统一的协调效果。

（3）均衡：整个画面要具有魄力感与均衡效果。

（4）销售重点：海报的构成要素必须化繁为简,尽量挑选重点来表现。

（5）惊奇：海报无论在形式上还是内容上都要出奇创新,具有强大的惊奇效果。

## 二、图层初识

图层初识

图层是 Photoshop 的核心功能之一,是图像的载体,没有图层,图像是不存在的。Photoshop 中的任何操作都是基于图层来完成的。

可以将图层想象成透明的玻璃纸,一张张按顺序叠放在一起。用户可以在 Photoshop 的不同图层中分别处理图像和绘制图形,针对当前图层的操作不会影响其他图层中的图像。如果图层上没有图像,可以一直看到最底下的图层。

**1. 图层的特点**

一个完整的图像是由各个层自上而下叠放在一起组合成的。上层的图像将遮住下层同一位置的图像,透明区域可以看到下层的图像；每个图层中的内容都是独立的。

**2. 图层的分类**

在 Photoshop 中共有六种不同的图层,分别为背景层、普通层、文字层、形状层、调整层和填充层。图层的分类如图 3-1 所示。

（1）背景层：使用白色背景或彩色背景创建新图像时,"图层"面板中最下面的图像称为背景。一幅图像只能有一个背景层。不能更改背景层的排列顺序,也不能修改它的不透明度或混合模式。

（2）普通层：存放和绘制图像。

（3）文字层：使用文字工具创建的图层。

（4）形状层：使用形状工具创建的图层。

（5）调整层：可以将颜色和色调调整应用于图像,而不会永久更改图像像素值。

（6）填充层：可以用纯色、渐变或图案填充图层。填充层不会影响位于它下面的图层的效果。

**3. 图层面板**

图层面板列出了图像中的所有图层、图层组和图层效果。可以使用图层面板来显示和隐藏图层、创建新图层以及

图 3-1　图层的分类

A—背景层；B—普通层；C—文字层；
D—形状层；E—调整层；F—填充层

处理图层组。也可以在图层面板菜单中访问其他的图层命令和选项。执行"窗口"|"图层"命令或按 F7 键可以显示图层面板，如图 3-2 所示。

图 3-2 "图层"面板

"图层"面板中各图标的含义如下。

① 类型："类型"下拉列表包含名称、效果、模式等不同选项，可以用于对特定的图层进行搜索和过滤。

② 混合模式：将当前图层与位于其下方的图层进行混合，从而产生另外一种图像显示效果。具体混合模式效果在任务三中介绍。

③ 不透明度：图层的不透明度决定它显示自身图层的程度。当不透明度为 100% 时，代表完全不透明，图像看上去非常饱和，非常实在。当不透明度下降的时候，图像也随着变淡。如果把不透明度设为 0，就相当于隐藏了这个图层。

④ 图层显示图标：显示眼睛图标，表示当前图层内容为显示状态。单击眼睛图标，隐藏当前图层内容。

⑤ 缩略图：显示当前图层的缩略图形式。

⑥ 当前选中图层：图层面板中，蓝色显示的状态为当前选中的图层。

⑦ 图层名称：显示图层名称，默认的图层名称为"图层 1""图层 2"……双击图层名称可进行更改。

⑧ 背景图层：位于图层最下方，不能更改图层顺序、透明度及混合模式项等选项，双击可以将背景层转换为普通图层。

### 三、图层的基本操作

图层的基本操作

**1. 创建图层**

在 Photoshop 中可以通过以下 3 种方法创建新图层。

（1）通过"创建新图层"按钮创建图层。单击"图层"面板底部的"创建新图层"按钮，可以在面板中创建一个空白图层。

(2)通过"新建图层"对话框创建新图层。执行菜单栏中的"图层"|"新建"|"图层"命令,会弹出"新建图层"对话框,如图 3-3 所示。

图 3-3 "新建图层"对话框

在"名称"文本框中可以更改图层的名称,默认的图层名称为"图层 1""图层 2"……

(3)单击图层面板右上角的"图层菜单"按钮■,单击"新建图层"命令,通过"新建图层"对话框创建新图层。

**2. 选择图层**

对图像进行编辑及修饰之前,必须正确地选择图层。在 Photoshop 中可以通过以下 3 种方法选择图层。

(1)选择单个图层。在"图层"控制面板中单击要选择的图层,图层呈蓝色显示,表示该图层已经被选择。

(2)选择多个连续图层。在图层面板中单击第一个图层,然后按住 Shift 键单击最后一个图层,可以选择两个图层之间的所有图层,被选择的图层均呈蓝色。例如,单击图层 1 后,按住 Shift 键后单击图层 3,如图 3-4 所示。

(3)选择多个不连续图层。按住 Ctrl 键,然后逐一单击要被选中的图层,可以选择全部被单击的图层。例如,按住 Ctrl 键,单击"图层 1"与"图层 3",如图 3-5 所示。

图 3-4 选择连续的图层

图 3-5 选择不连续的图层

### 3. 复制图层

复制图层可以为已存在的图层创建图层副本。在 Photoshop 中可以在文件内复制图层，也可以将图层复制到其他文件中。

（1）在"图层"面板将选中的图层拖动到"创建新图层"按钮 ![] 上，释放鼠标左键后出现图层副本，完成复制。

（2）选择图层后，单击"图层"菜单或"图层"面板菜单，选择"复制图层"命令，弹出"复制图层"对话框，单击"确定"按钮。

（3）如果在另一文件内复制图层，则需要同时打开源文件和目标文件，从源图像的"图层"面板中选择一个或多个图层，将图层从"图层"面板拖动到目标文件中，即可完成复制。

### 4. 移动图层

图层中的图像具有上层覆盖下层的特性，适当调整图层的排列顺序可以制作出更为丰富的图像效果。在图层面板中，按住鼠标左键将图层拖至目标位置，当目标位置显示一条高光线时释放鼠标右左键即可。

### 5. 删除图层

对于不再使用的图层，可以将其删除，删除图层可以减小图像文件所占内存空间。删除图层的常用方法有以下 4 种。

（1）选中要删除的图层，单击图层面板上的"删除图层"按钮 ![]，打开警告对话框，如果确认删除图层，单击"是"按钮，即可删除图层。

（2）选中要删除的图层，按住鼠标左键不放，把该图层拖到图层面板上的"删除图层"按钮 ![]，也可删除图层，但不会打开提示对话框。

（3）选中要删除的图层，执行"图层"|"删除"|"图层"命令，在弹出的对话框中单击"是"按钮即可。

（4）选中要删除的图层右击，在打开的快捷菜单中选择"删除图层"命令。

### 6. 图层的链接与解除链接

选择多个图层后，单击图层面板下方的链接按钮 ![]，可以链接选择的图层。图层被链接以后，可以同时对链接的图层进行移动、变换和复制等操作。再次单击图层面板下方的链接按钮 ![]，可以解除图层的链接。

### 7. 图层的合并

复杂的文件操作会使用大量的图层，会使图像文件所占内存空间变大，可根据需要对图层进行合并，合并图层是将两个或两个以上的图层合并成一个图层，常有的合并方式有以下 3 种。

（1）向下合并

"向下合并"命令可以把当前图层与在它下方的图层进行合并。单击图层面板的"图层菜单"按钮 ![]，选择"向下合并"命令，或使用 Ctrl＋E 组合键。进行合并的层都必须处在显示状态。

（2）合并可见图层

"合并可见图层"命令可以把所有处在显示状态的图层合并成一层，在隐藏状态的图层不进行变动。

（3）拼合图像

"拼合图像"命令可以将所有层合并为背景层，如果有隐藏图层，则拼合时会弹出警告框，

询问用户是否扔掉隐藏图层。执行"图层"|"合并可见图层"命令或使用 Ctrl+Shift+E 组合键可以拼合图像。

**8. 图层的对齐与分布**

Photoshop 允许用户对选择的多个图层进行对齐和分布操作,从而实现图像间的精确移动。

(1) 图层的对齐

在菜单栏中执行"图层"|"对齐"命令,弹出"对齐"子菜单,如图 3-6 所示。

"对齐"子菜单中各命令的含义如下。

① 顶边:可将选择或链接图层的顶层像素与当前图层的顶层像素对齐,或与选区边框的顶边对齐。

② 垂直居中:可将选择或链接图层上垂直方向的重心像素与当前图层上垂直方向的重心像素对齐,或与选区边框的垂直中心对齐。

图 3-6 "对齐"子菜单

③ 底边:可将选择或链接图层的底端像素与当前图层的底端像素对齐,或与选区边框的底边对齐。

④ 左边:可将选择或链接图层的左端像素与当前图层的左端像素对齐,或与选区边框的左边对齐。

⑤ 水平居中:可将选择或链接图层上水平方向的中心像素与当前图层上水平方向的中心像素对齐,或与选区边框的水平中心对齐。

⑥ 右边:可将选择或链接图层的右端像素与当前图层的右端像素对齐,或与选区边框的右边对齐。

图 3-7 "分布"子菜单

(2) 图层的分布

分布是将选择或链接图层之间的间隔均匀地分布,分布操作只能针对 3 个或 3 个以上的图层进行。执行"图层"|"分布"命令,弹出"分布"子菜单,如图 3-7 所示。

"分布"子菜单中各命令的含义如下。

① 顶边:从每个图层的顶端像素开始,间隔均匀地分布选择或链接的图层。

② 垂直居中:从每个图层的垂直居中像素开始,间隔均匀地分布选择或链接的图层。

③ 底边:从每个图层的底部像素开始,间隔均匀地分布选择或链接图层。

④ 左边:从每个图层的左边像素开始,间隔均匀地分布选择或链接图层。

⑤ 水平居中:从每个图层的水平中心像素开始,间隔均匀地分布选择或链接图层。

⑥ 右边:从每个图层的右边像素开始,间隔均匀地分布选择或链接的图层。

**9. 图层组**

图层组就是将多个层归为一个组,这个组可以在不需要操作时折叠起来,无论组中有多少图层,折叠后只占用相当于一个图层的空间,方便管理图层。单击图层面板下方的创建新组按钮 ,即可创建新的图层组。

## 四、图层样式

Photoshop 允许为图层添加样式，使图像呈现不同的艺术效果。添加图层样式要依次执行如下步骤。

(1) 选中图层，单击图层面板下方的"样式"按钮 ，弹出"图层样式"菜单，如图 3-8 所示。

(2) 在图层面板中双击图层，打开"图层样式"对话框，如图 3-9 所示。

(3) 单击图层样式前面的复选框，可以选中对应的图层样式，再次单击复选框，取消对应的图层样式。

图 3-8 "图层样式"菜单

图 3-9 "图层样式"对话框

## 五、图层样式详解

### 1. 投影样式

投影样式用于模拟物体受光后产生的投影效果，主要用来增加图像的层次感，生成的投影效果是沿图像的边缘向外扩展。投影样式对话框如图 3-10 所示。

投影样式对话框中各选项的含义如下。

(1) 混合模式：默认设置为"正片叠底"，由于阴影的颜色一般都是偏暗的，通常情况下不必修改。

(2) 不透明度：默认值是 75%，如果要使阴影的颜色显得深一些，则应增大数值，反之减小数值。

(3) 角度：设置阴影的方向，右侧的文本框中可直接输入角度值。单击圆圈可改变指针方向。指针方向代表光源方向，相反的方向就是阴影出现的地方。

图 3-10　投影样式对话框

（4）距离：阴影和层的内容之间的偏移量。数值越大，人感觉光源的角度越低，反之越高。

（5）扩展：用来设置阴影的大小，其值越大，阴影的边缘越模糊；反之，其值越小，阴影的边缘越清晰。

**注意**：扩展的单位是百分比，具体的效果会和"大小"相关，"扩展"的设置值的影响范围仅仅在"大小"所限定的像素范围内，如果"大小"的值设置比较小，则扩展的效果不是很明显。

（6）大小：可以反映光源距离层的内容的距离，数值越大，阴影越大，表明光源距离层的表面越近；反之阴影越小，表明光源距离层的表面越远。

（7）等高线：用来对阴影部分进行进一步的设置。等高线的高处对应阴影上的暗圆环，低处对应阴影上的亮圆环。

（8）图层挖空阴影：选中此选项，当图层的不透明度小于100%时，阴影部分仍然是不可见的。

**2. 内阴影样式**

内阴影样式沿图像边缘向内产生投影效果，与投影样式产生效果方向相反，其参数设置也大致相同。内阴影样式对话框如图 3-11 所示。

**3. 外发光样式**

外发光样式沿图像边缘向外生成类似发光的效果。外发光样式对话框如图 3-12 所示。

外发光样式对话框中各选项的含义如下。

（1）方法：设置值有两个，分别是"柔和"与"精确"。"精确"可以用于一些发光较强的对象，或者棱角分明反光效果比较明显的对象。

（2）"抖动"：用来为光芒添加随意的颜色点，为了使"抖动"的效果能够显示出来，光芒至少应该有两种颜色。

图 3-11 内阴影样式对话框

图 3-12 外发光样式对话框

**4. 内发光样式**

内发光与外发光在产生效果的方向上刚好相反,它是沿图像边缘向内产生发光效果,两者参数的设置是一样的。内发光样式对话框如图 3-13 所示。

内发光样式对话框中各选项的含义如下。

(1) 源:可选值包括"居中""边缘"。"边缘"是指光源在对象的内侧表面,这是内侧发光效果的默认值。"居中"表示光源到了对象的中心。

图 3-13 内发光样式对话框

（2）阻塞：设置值和"大小"的设置值相互作用，用来影响"大小"的范围内光线的渐变速度。

（3）大小：用来设置光线的照射范围，它需要与"阻塞"配合。如果阻塞值设置得非常小，即便将"大小"设置的很大，光线的效果也不明显。

**5．斜面和浮雕样式**

斜面和浮雕样式用于增加图像边缘的暗调和高光，使图像产生立体感。斜面和浮雕样式对话框如图 3-14 所示。

图 3-14 斜面和浮雕样式对话框

斜面和浮雕样式对话框中各选项的含义如下。

（1）样式：斜面和浮雕的样式包括内斜面、外斜面、浮雕、枕形浮雕和描边浮雕。

（2）深度：必须和"大小"配合使用。"大小"一定的情况下，用"深度"可以调整高台的截面梯形斜边的光滑程度。

（3）方向：设置值只有"上"和"下"两种，其效果和设置"角度"是一样的。

（4）大小：用来设置高台的高度，必须和"深度"配合使用。

（5）软化：一般用来对整个效果进行进一步的模糊，使对象的表面更加柔和，减少棱角感。

使用全局光：表示所有的样式都受同一个光源的照射，如果需要制作多个光源照射的效果，则可以清除这个选项。

（6）光泽等高线：创建有光泽的金属外观。

（7）高光或阴影：指定斜面或浮雕高光或阴影的混合模式。

**6. 光泽样式**

光泽样式通常用于制作光滑的磨光或金属效果。光泽样式对话框如图 3-15 所示。

图 3-15　光泽样式对话框

**7. 颜色叠加样式**

颜色叠加样式就是使用一种颜色覆盖在图像的表面。颜色叠加样式对话框如图 3-16 所示。

**8. 渐变叠加样式**

渐变叠加样式是指使用一种渐变颜色覆盖在图像的表面，如同使用渐变工具填充图像或选区。渐变叠加样式对话框如图 3-17 所示。

**9. 图案叠加样式**

图案叠加样式是使用一种图案覆盖在图像表面，如同使用图案图章工具使一种图案填充图像或选区。图案叠加样式对话框如图 3-18 所示。

图 3-16 颜色叠加样式对话框

图 3-17 渐变叠加样式对话框

**10. 描边样式**

使用描边样式可以沿图像边缘填充一种颜色,如同使用"描边"命令描边图像边缘或选区边缘。描边样式对话框如图 3-19 所示。

图 3-18 图案叠加样式对话框

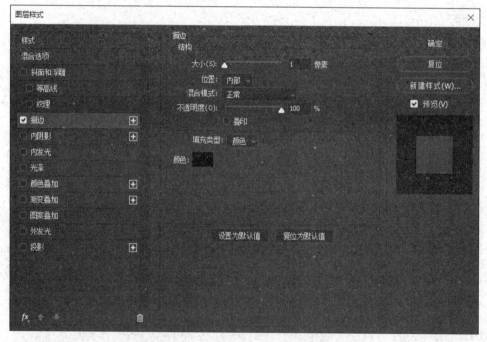

图 3-19 描边样式对话框

## 六、样式效果示例

输入文字 PHOTO(R：242，G：52；B：106)后，对文字所在图层添加不同的图层样式，效果如图 3-20～图 3-29 所示。

图 3-20　添加"投影"样式效果

图 3-21　添加"内阴影"样式效果

图 3-22　添加"外发光"样式效果

图 3-23　添加"内发光"样式效果

图 3-24　添加"斜面与浮雕"样式效果

图 3-25　添加"光泽"样式效果

图 3-26　添加"颜色叠加"样式效果

图 3-27　添加"渐变叠加"样式效果

图 3-28　添加"图案叠加"样式效果

图 3-29　添加"描边"样式效果

## 任务实践

(1) 执行"文件"|"新建"命令,弹出"新建"对话框,设置"宽度"为"900 像素","高度"为"1500 像素","分辨率"为"72 像素/英寸","颜色模式"为"RGB 颜色",名称为"中秋节海报",单击"确定"按钮新建文件。

(2) 在工具箱中选择油漆桶工具,在工具选项栏中将填充类型设置为"前景",设置"前景色"为深蓝色♯191f3f,单击填充背景图层。

(3) 执行"视图"|"添加标尺"命令,在水平刻度 16 以及垂直刻度 15 的位置分别添加参考线,效果如图 3-30 所示。

图 3-30　效果图 1

(4) 在工具箱中选择椭圆选框工具,在参考线相交的中心位置单击,按住 Shift+Alt 组合键创建一个正圆选区,效果如图 3-31 所示。

(5) 设置前景色为淡黄色♯f7f6d8,在工具箱中选择油漆桶工具,新建"图层 1",单击填充颜色,按 Ctrl+D 组合键取消选区。

(6) 在图层面板中右击"图层 1"缩略图,弹出快捷菜单,执行"混合选项"命令,弹出"图层样式"选项卡。单击选中"外发光"图层样式,设置"扩展"为 6%,大小为 158 像素,单击"确定"按钮,如图 3-32 所示。

项目三　中秋节海报制作——图层详解　89

图 3-31　效果图 2

(7) 执行"文件"|"打开"命令，打开"打开文件"对话框，找到"配套素材文件"|"项目三"文件夹，打开"3-2.psd"文件；在工具箱中选择移动工具，将图层内容分别拖动至"中秋节海报"文件中，并适当调整图层大小及位置，图层生成默认名称"图层 2"～"图层 6"，效果如图 3-33 所示。

(8) 执行"文件"|"打开"命令，打开"打开文件"对话框，找到"配套素材文件"|"项目三"文件夹，打开"3-3.psd"文件；在工具箱中选择移动工具，将图层内容分别拖动至"中秋节海报"文件中，图层生成默认名称"图层 7"，并适当调整图层大小及位置，效果如图 3-34 所示。

图 3-32 外发光图层样式

图 3-33 效果图 3

图 3-34　效果图 4

（9）在图层面板中右击"图层 7"缩略图，弹出快捷菜单，选择"混合选项"命令，弹出"图层样式"选项卡。单击选中"颜色叠加"图层样式，设置"混合模式"为"变亮"，设置颜色为♯a02147，单击"确定"按钮，如图 3-35 所示。

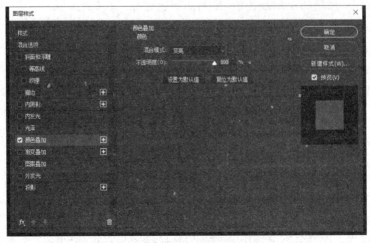

图 3-35　颜色叠加图层样式

（10）执行"文件"|"存储"命令，弹出"存储"对话框，设置文件存储位置，单击"确定"按钮，完成文件的存储。

## 任务二　制作海报背景部分

混合模式

### 一、图层混合模式的含义

图层混合模式是将当前图层与位于其下方的图层进行混合，从而产生另外一种图像显示效果。色彩混合模式所产生的效果与图像的明暗色彩有直接关系，因此进行模式选择时，必须根据图像的自身特点灵活应用。

### 二、混合模式作用

单击图层面板的"图层混合模式"下拉按钮，弹出"图层混合模式"下拉列表，如图3-36所示。

各种模式的作用如下。

（1）正常：图层混合模式的默认方式，效果只受不透明度的影响。

（2）溶解：产生的像素颜色源于上下混合颜色的一个随机置换值，与像素的不透明度有关。

（3）变暗：在混合两图层像素的颜色时，对两个图层相同位置的RGB值分别进行比较，取二者中的低值，再组合成为混合后的颜色，总的颜色灰度级降低，用白色合成图像时毫无效果。

图3-36　"图层混合模式"下拉列表框

（4）正片叠底：其原理和色彩模式中的"减色原理"一样。将上下两层图层像素颜色的灰度级进行乘法运算，获得灰度级更低的颜色成为合成后的颜色。和黑色发生正片叠底，产生的只有黑色；与白色混合，不会对原来的颜色产生任何影响。

（5）颜色加深：加暗图层的颜色值，作用的颜色越亮，效果越细腻。

（6）线性加深：查看每个通道中的颜色信息通过减小亮度使"基色"变暗以反映混合色，和白色混合没有效果。

（7）深色：比较混合色和基色所有通道值的总和并显示值较小的颜色，即较深的颜色。"深色"不会生成第三种颜色。

（8）变亮：与变暗效果相反，所有比前景色亮的都不变，比前景色暗的地方都变成前景色。

（9）滤色：与正片叠底模式相反，按照色彩混合原理中的"增色模式"混合，显现两图层中较高的灰阶，而较低的灰阶则不显现，产生一种漂白的效果。

（10）颜色减淡：与颜色加深模式相反，会加亮图层的颜色值，加上的颜色越暗，效果越细腻。与黑色混合则不发生变化。

（11）线性减淡：查看每个通道中的颜色信息通过增加亮度使"基色"变亮以反映混合色，

与黑色混合没有任何效果。

（12）浅色：和深色相反，显示较浅的颜色。

（13）叠加：综合了正片叠底和滤色两种模式的方法，亮度不变，颜色重叠。

（14）柔光：图像中亮色调区域变得更亮，暗色区域变得更暗，图像反差增大，类似于柔光灯的照射图像的效果。上层颜色亮度高于中性灰50%灰，底层会变淡；上层颜色亮度低于中性灰50%灰，底层会变暗。

（15）强光：上层颜色亮度高于50%灰，图像变亮，反之，图像就会变暗。

（16）亮光：调整对比度以加深或减淡颜色，上层颜色亮度高于50%灰，图像将被降低对比度并且变亮；上层颜色亮度低于50%灰，图像会被提高对比度并且变暗。

（17）线性光：上层颜色亮度高于50%灰，用增加亮度的方法来使画面变亮，反之用降低亮度的方法来使画面变暗。

（18）点光：如果上层颜色亮度高于50%灰，比上层颜色暗的像素将会被取代，而较之亮的像素则不发生变化；如果上层颜色亮度低于50%灰，则比上层颜色亮的像素会被取代，而较之暗的像素不发生变化。

（19）实色混合：图层图像的颜色会和下一层图层图像中的颜色进行混合，具有不确定性，通常会使亮色更亮，暗色更暗。

（20）差值：将要混合图层的RGB值分别进行比较，用高值减去低值作为合成后的颜色。

（21）色相：用当前图层的色相值去替换下层图像的色相值，饱和度与亮度不变。

（22）饱和度：用当前图层的饱和度去替换下层图像的饱和度，而色相值与亮度不变。

（23）颜色：用当前图层的色相值与饱和度替换下层图像的色相值和饱和度，而亮度保持不变。

（24）明度：用当前图层的亮度值去替换下层图像的亮度值，而色相值与饱和度不变。

例如，将素材图片中的汽车加入选区，新建图层，添加颜色后，对图层进行混合模式的设定。可以为汽车添加不同的颜色效果，效果如图3-37所示。

图3-37　原图与效果图

（1）执行"文件"|"打开"命令，打开"打开文件"对话框，找到"配套素材文件"|"项目三"文件夹，打开"3-1.jpg"文件；在工具箱中选择移动工具，拖动内容到"中秋节海报"文件的底部，

图层生成默认名称"图层8"。

(2)按Ctrl+T组合键,显示变换控件,按住Shift键向水平方向拖动光标放大素材,并摆放到底部位置,效果如图3-38所示。

图3-38 素材放大效果

(3)单击图层8混合模式下拉按钮,弹出"混合模式"下拉列表,如图3-39所示,选中"叠加"命令,如图3-40所示。

图 3-39 "混合模式"
下拉列表

图 3-40 叠加效果图

(4) 单击图层面板下方的添加图层蒙版按钮 ▫，为图层 8 添加图层蒙版。选择渐变工具，选择"黑，白渐变"，沿图像垂直方向从上到下拖动光标，效果如图 3-41 所示。

(5) 执行"图层"|"新建图层"命令，新建"图层 9"，设置图层混合模式为"叠加"。选择"画笔"工具，前景色为♯fdf507，笔尖大小为 18 像素，选用"柔笔刷"，在"喜迎中秋 欢度国庆"所在位置绘制光影效果，效果如图 3-42 所示。

图 3-41 渐变效果图

(6)执行"文件"|"打开"命令,打开"打开文件"对话框,找到"配套素材文件"|"项目三"文件夹,打开"3-4.psd"文件;在工具箱中选择移动工具,拖动内容到"中秋节海报"文件中,图层生成默认名称"图层 10",效果如图 3-43 所示。

项目三　中秋节海报制作——图层详解 | 97

图 3-42　添加光影效果图

(7) 执行"文件"|"打开"命令,打开"打开文件"对话框,找到"配套素材文件"|"项目三"文件夹,打开"3-6.psd"文件;在工具箱中选择移动工具,拖动内容到"中秋节海报"文件中,图层生成默认名称为"图层11",如图 3-44 所示。

图 3-43 添加新素材效果图 1

（8）单击"图层 11"的"设置混合模式"下拉按钮，弹出"混合模式"下拉列表，如图 3-45 所示，设置图层的混合模式为"深色"，"不透明度"设为"10％"，效果如图 3-46 所示。

项目三　中秋节海报制作——图层详解　99

图 3-44　添加新素材效果图 2

（9）执行"文件"|"打开"命令，打开"打开文件"对话框，找到"配套素材文件"|"项目三"文件夹，打开"3-5.psd"文件；在工具箱中选择移动工具，拖动内容到"中秋节海报"文件中，图层生成默认名称"图层 12"。

图 3-45 "混合模式"
下拉列表

图 3-46 深色图层混合效果图

(10) 按 Ctrl+T 组合键,显示变换控件,向内拖动光标缩小素材"图层 12",并摆放到合适位置,效果如图 3-47 所示。

(11) 执行"图层"|"复制图层"命令,复制 3 个图层副本。分别选中每一个复制的图层,按 Ctrl+T 组合键,显示变换控件,向内拖动光标缩小素材,并摆放到合适位置。按 Ctrl+T 组合键隐藏参考线,最终效果如图 3-48 所示。

图 3-47　缩小素材效果图

（12）执行"文件"|"存储"命令，弹出"存储"对话框，选择文件存储位置，单击"确定"按钮，结束制作。

图 3-48 最终效果图

## 上机实训——设计制作茶叶博览会宣传广告

### 一、实训背景

茶文化是中国悠久的传统文化精粹之一,本任务是为茶叶博览会设计宣传广告。作品结合中国传统水墨来辅助构图和创设意境,巧用绿色茶叶嫩叶点缀,既传达绿色健康理念又符合现代人的生活方式和审美形式,体现茶文化特色。

## 二、实训内容和要求

本任务重点练习图层基础操作,要求用户掌握图层的新建与复制;图层的移动与变换;图层的选择与删除;图层的合并与链接;图层的对齐与分布等基础操作。能够选取适合主题的素材进行辅助构图和创设意境。

## 三、实训步骤

**1. 制作背景部分**

(1) 新建文件名称为"茶韵"。

(2) 打开素材"山峰.jpg",按 Ctrl+Shift+U 组合键应用去色命令,除去图像的颜色。

(3) 选择移动工具,将山峰图片移到"茶韵"文件的下方,图层面板出现"图层1",设置"图层1"的"不透明度"为25%。

(4) 选择橡皮擦工具,设置笔尖形状为圆形,大小为170px,硬度为0,在山峰层最下方水平拖动光标,擦除"图层1"底部内容。

(5) 打开素材"墨迹.psd",选择移动工具,将墨迹图片移动到"茶韵"文件中,图层面板出现"图层2",按 Ctrl+T 组合键,顺时针旋转25°。

(6) 选择橡皮擦工具,设置笔尖形状为圆形,大小为170px,硬度为0,在山峰层最下方水平拖动光标,擦除"图层1"底部内容,完成文件背景部分的制作。

**2. 制作文件主体部分**

(1) 打开素材"梅花.jpg",将梅花添加到选区,选择移动工具,将梅花图片移动到"茶韵"文件中,图层面板出现"图层4",按 Ctrl+T 组合键,缩小25%,移动"图层4"到茶杯位置,效果如图 4-6 所示。

(2) 在图层面板中单击选中"图层4",向"新建图层"按钮 拖动,复制图层。图层面板出现"图层4副本",选择移动工具,将梅花移动到茶杯下方。

(3) 选择橡皮擦工具,擦除位于茶杯上方的梅花。

**3. 添加文字**

(1) 选择直排文字工具 ,设置前景色为金色(R: 170, G: 119, B: 5),字体为"Adobe 黑体 Std",字号为 6 号,输入文字"第六届茶叶博览会",按 Ctrl+Enter 组合键结束输入。

(2) 更改字号为 5 号,其他设置不变,更改文字位置,输入文字"中国 济南",按 Ctrl+Enter 组合键结束输入。

(3) 打开素材"茶韵文字.psd",选择移动工具,将文字图片移动到"茶韵"文件中,图层面板出现"图层5",摆放在合适的位置。

**4. 点缀效果制作**

(1) 打开素材"树叶.psd",选择移动工具,将树叶图片移动到"茶韵"文件中,图层面板出现"图层6"。按 Ctrl+T 组合键缩放45%,移动到文件右上角。

(2) 复制图层6,图层面板出现"图层6副本",按 Ctrl+T 组合键,旋转并缩放一定比例;重复执行操作,适当调整树叶所在位置,完成右上角效果制作。

(3) 打开素材"茶叶.psd",选择移动工具,将茶叶图片移动到"茶韵"文件中,图层面板出现"图层7",移动到合适的位置;复制图层7,图层面板出现"图层7副本",按 Ctrl+T 组合键,旋转并移动位置,完成点缀效果制作。

(4)执行"文件"|"存储为"命令,弹出"另存为"对话框,设置文件存储位置,单击"确定"按钮。

## 四、实训素材及效果参考图

实训素材(见图 3-49~图 3-54)、效果参考图(见图 3-55)。

图 3-49　素材 1

图 3-50　素材 2

图 3-51　素材 3

图 3-52　素材 4

图 3-53　素材 5

图 3-54　素材 6

图 3-55　效果参考图

# 技能点测试

**1. 职业技能要求**

能对图片添加纹理、投影、图片描边等样式。

**2. 选择题**

(1) 要将"图层"面板中的多个图层进行自动对齐和分布,正确的操作步骤为(　　)。

　　A. 先将需要对齐的图层执行"图层"|"合并图层"命令,然后单击属性栏内的对齐与分布图标按钮

　　B. 将需要对齐的图层名称前的 👁 图标显示,然后单击属性栏内的对齐与分布图标按钮

　　C. 按住 Shift 键将多个图层选中,然后单击属性栏内的对齐与分布图标按钮

　　D. 将需要对齐的图层先放置在同一个图层组中,然后单击属性栏内的对齐与分布图标按钮

(2) 应用于图层的效果可以变为图层自定义样式的一部分,如果图层具有样式,"图层"面板中图层名称右侧将出现一个 ƒ 图标,可以将这些图层样式存储于(　　)面板中以反复调用。

　　A. "图层样式"　　B. "样式"　　C. "图层复合"　　D. "动作"

(3) 要应用"样式"面板中存储的样式来制作图 a 所示按钮,先绘制出一个圆角矩形(见图 b),然后单击"样式"面板中的样式图标,此时不能得到相应效果的原因是(　　)。

　　A. 样式不能应用于圆角矩形

　　B. 要先制作选区,才能应用样式

　　C. 样式不能应用于锁定的背景层,必须新建一个图层

　　D. 样式只能应用于图层组

（4）利用"图层样式"的功能，可以制作出下图中的透明按钮效果，你认为在"投影"和"内发光"之外，显然还用到了下列选项中的（　　）样式。（高光部分除外）

A. "外发光"　　　　　　　　　　　　B. "内阴影"
C. "光泽"　　　　　　　　　　　　　D. "斜面和浮雕"

（5）要使原稿（见图 a）发生柔和自然的变形，以得到图 b 所示的效果，应该采用的变形方式为（　　）。

A. "编辑"|"变换"|"扭曲"　　　　　　B. "编辑"|"变换"|"斜切"
C. "编辑"|"变换"|"透视"　　　　　　D. "编辑"|"变换"|"变形"

（6）应用"移动工具"移动图像时按住（　　）键，可以在移动的同时将选区内图像复制一份。

A. Shift　　　　B. Ctrl　　　　C. Alt　　　　D. Alt＋Ctrl

（7）图层较多的情况下，可以通过"图层组"来对图层进行分类管理。在"图层"面板中单击（　　）按钮可以快速创建新的"图层组"。

A.　　　　　　B.　　　　　　C.　　　　　　D.

（8）要将"图层"面板中的背景层转变为普通图层可采用的方法是（　　）。

A. 在"图层"面板中直接对背景层的名称进行修改

B. 先在背景层图标上双击,然后在弹出的"新建图层"对话框中修改图层属性

C. 单击背景层的 🔒 按钮

D. 点中背景层图标,按 Enter 键

(9) 要将"图层"面板中的多个图层进行自动对齐和分布,正确的操作步骤为(　　)。

A. 将需要对齐的图层先执行"图层"|"合并图层"命令,然后单击属性栏内的对齐与分布图标按钮

B. 将需要对齐的图层名称前的 👁 图标显示,然后单击属性栏内的对齐与分布图标按钮

C. 按住 Shift 键将多个图层选中,然后单击属性栏内的对齐与分布图标按钮

D. 将需要对齐的图层先放置在同一个图层组中,然后单击属性栏内的对齐与分布图标按钮

(10) 要为左图中的图案添加一道橘黄色的边线,正确的操作步骤是(　　)。

A. 先制作图案的选区,然后执行"图像"|"描边"命令

B. 先制作图案的选区,然后执行"编辑"|"描边"命令

C. 先制作图案的选区,然后应用"画笔工具" ✎ 进行自动描边

D. 打开"描边"面板,在其中设置描边颜色与宽度

(11) 要将"图层"面板中的背景层转变为普通图层可采用的方法是(　　)。

A. 在"图层"面板中直接对背景层的名称进行修改

B. 先在背景层图标上双击,然后在弹出的"新建图层"对话框中修改图层属性

C. 单击背景层上的 🔒 按钮

D. 单击选中背景层图标,按 Enter 键

(12) 为文字添加"投影"样式时,如果要使投影边缘的模糊程度增大,则需要在"图层样式"面板中调节的参数是(　　)。

A. "距离"　　　　B. "大小"　　　　C. "扩展"　　　　D. "等高线"

(13) 如果要将图像中的一个局部剪切到一个新图层中,则通过"图层"菜单中的(　　)命令可以实现。

A. "新建"|"通过拷贝的图层"　　　　B. "新建"|"通过剪切的图层"

C. "新建"|"图层"　　　　D. "新建"|"图层组"

(14) 下列有关"图层样式"添加顺序的描述正确的是(　　)。

A. 通常情况下,表现图像外部样式的效果会取得优先顺序

B. "图层样式"添加的先后顺序对图像效果没有影响

C. 位于下面的效果有可能被上面的效果遮盖而显示不出来

D. 先添加的效果会被自动删除
(15) 要将"图层"面板中的多个图层进行自动对齐和分布,正确的操作步骤为(　　)。
　　A. 将需要对齐的图层先执行"图层"|"合并图层"命令,然后单击属性栏内的对齐与分布图标按钮
　　B. 将需要对齐的图层名称前的 ◉ 图标显示,然后单击属性栏内的对齐与分布图标按钮
　　C. 按住 Shift 键将多个图层选中,然后单击属性栏内的对齐与分布图标按钮
　　D. 将需要对齐的图层先放置在同一个图层组中,然后单击属性栏内的对齐与分布图标按钮

# 项目四

# 杂志版面制作——文字详解

【项目导入】

　　封面是书籍的外衣,具有保护和宣传书籍的双重作用。一个好的封面能准确地传达书籍的主题思想,影响读者的阅读和购买行为。文字是设计作品的重要组成部分,它不仅可以传达信息,还能起到美化版面、强化主题的作用,本项目为时尚杂志制作杂志版面。

【项目分析】

　　本项目介绍利用文字工具创建点文字、段落文字以及路径文字的方法,浓缩了部分表现性符号,将封面图像信息进行多层次组合,使版面具有秩序性的美感。

【能力目标】

- 能利用文字工具创建点文字以及段落文字。
- 能结合路径创建路径文字。

【知识目标】

- 掌握文字栅格化的方法。
- 掌握点文字的输入、字符格式化、文字变形的方法。
- 掌握段落文字的输入、段落格式化、文字栅格化的方法。
- 掌握路径文字的输入、文字转换为路径、文字转换为形状的方法。

【课程思政目标】

　　书籍是人类进步的阶梯,广泛地阅读书籍是当代大学生获取知识的良好渠道。本项目选取杂志封面及内页制作作为教学案例,帮助学生完成不同书籍的设计活动,引导学生思考阅读的力量,注重情感表达,形成不断学习、不断接受新信息的方法,树立终身学习的意识和信念。

# 任务一　杂志封面制作

知识储备

## 一、封面设计分析

封面是书籍的外衣,具有保护和宣传书籍的双重作用。一个好的封面能准确地传达书籍的主题思想,影响读者的阅读和购买行为。封面设计要将内容信息进行多层次组合,版面具有秩序性的美感,浓缩大量的表现性符号,体现设计师对书籍的深刻理解。

一个完整的书籍封面包括封面、书脊、封底和勒口四部分,在精装书中还有用硬纸板制作的内封皮。

**1. 书籍的开本**

书籍的开本是指书籍幅面的大小,也就是书籍的面积。开本一般以整张纸的规格为基础,采用对叠方式进行裁切,整张纸称为整开,其1/2称为对开,1/4称为4开,其余以此类推。一般的书籍采用的是大、小32开和大、小16开。目前较为常用的印刷正文用纸用787mm×1092mm和850mm×1168mm。

**2. 书籍的构成**

一本书由封面、护封、封腰、护页、扉页、前勒口和后勒口等部分构成。护封是一张扁方形的印刷品,用来保护封面,精装书带有护封,简装书则将封面和护封合二为一。封腰是护封的一种特殊形式,往往是在出书之后出现了与本书有关的重要事件,可通过封腰将其补充介绍给读者。护页在早期起到保护书籍的作用,现在只是作为一种鉴赏,护页之后是扉页。勒口又叫折口,是封面和封底向左右两端延伸出来又折叠进去的部分,可以起到保护封面的作用。

**3. 封面设计的构成要素**

封面设计主要由文字、图片、色彩三要素构成。

(1) 文字

文字是封面设计的基本元素,在设计表现上应突出书名,增强书名的识别性,加强设计元素的合理编排,形成独立的风格形象。

(2) 图片

图片作为主要的视觉元素,在封面上具有吸引读者视线的主要功能。适当采用大胆夸张的图像往往具有明显的效果。

(3) 颜色

封面的整体色调也是强烈的视觉元素之一,运用大面积的色彩,让该书籍在众多书籍中脱颖而出,吸引读者的注意。

## 二、文字工具

**1. 文字工具组**

Photoshop提供了四种文字工具,其中横排文字工具▇和直排文字工具▇用来创建点文字、段落文字和路径文字,横排文字蒙版工具▇和直排文字蒙版工具▇用来创建文字选区。

**2. 文字工具选项栏**

单击文字工具,工具选项栏会显示文字工具选项栏,如图4-1所示。

文字工具

图 4-1 文字工具选项栏

文字工具选项栏中的各个选项作用如下。

(1)"更改文本方向"按钮：单击此按钮，可以将水平方向的文本更改为垂直方向，或者将垂直方向的文本更改为水平方向。

(2)"设置字体系列"：此下拉列表中的字体用于设置输入文字的字体；也可以将输入的文字选择后再在字体列表中重新设置字体。

(3)"设置字体样式"：在此下拉列表中可以设置文字的字体样式，包括Regular(规则)、Italic(斜体)、Bold(粗体)和 Bold Italic(粗斜体)等字形。注意，当在字体列表中选择英文字体时，此列表中的选项才可用。不同字体样式如图 4-2 所示。

图 4-2 字体样式

(4)"设置字体大小"：用于设置文字的大小。

(5)"设置消除锯齿的方法"：决定文字边缘消除锯齿的方式，包括"无""锐利""犀利""浑厚"和"平滑"5 种方式。Photoshop 会通过部分地填充像素边缘来产生边缘平滑的文字，使文字的边缘混合到背景中而看不出锯齿。还可以通过"图层—文字—消除锯齿方式"下拉菜单来选择。

(6)对齐方式按钮：在使用"横排文字"工具输入水平文字时，对齐方式按钮显示为 ，分别为"左对齐""水平居中对齐""右对齐"；当使用"直排文字"工具输入垂直文字时，对齐方式按钮显示为 ，分别为"顶对齐""垂直居中对齐""底对齐"。

(7)"设置文本颜色"色块：单击此色块，在弹出的"拾色器"对话框中可以设置文字的颜色。

(8)"创建文字变形"按钮：单击此按钮，将弹出"变形文字"对话框，用于设置文字的变形效果。

(9)"字符面板"按钮：单击此按钮，弹出"字符面板"对话框，用于设置文字的字体和段落格式。

(10)"取消所有当前编辑"按钮：单击此按钮，取消文本的输入或编辑操作。

(11)"提交所有当前编辑"按钮：单击此按钮，确认文本的输入或编辑操作。

**3．点文字的输入方法**

点文字是一个水平或垂直的文本行，在处理标题等字数较少的模块时，可以通过点文字来完成。利用文字工具输入点文字时，每行文字都是独立的，行的长度随着文字的输入而不断增加，无论输入多少文字都是显示在一行内，只有按 Enter 键才能切换到下一行输入文字。

输入点文字的操作方法为：选择 或 工具，当光标显示为文字输入光标 或 形状时在文件中单击，指定输入文字的起点，然后在属性栏或"字符"面板中设置相应的文字选项，再输入需要的文字即可。按 Enter 键可使文字切换到下一行,单击属性栏中的▇按钮,即可完成点文字的输入。

**4. 格式化字符**

格式化字符是指设置字符的属性,包括字体、大小、间距、缩放、比例间距和文字颜色等。输入文字之前,可以在工具栏选项中设置字符的属性。创建文字之后,还可以通过"字符"面板设置字符属性。

默认情况下,设置字符属性会影响所选文字图层中的所有文字,如果要修改部分文字,可以先用文字工具将它们选中,再进行编辑。

执行"窗口"|"字符"命令,或单击"文字"工具属性栏中▇按钮,都将弹出"字符"面板,如图 4-3 所示。

(1) 行距▇:文本中各个文字行之间的垂直距离。同一段落的行与行之间可以设置不同的行距,但文字行中的最大行距决定了该行的距离。

(2) 字距调整▇:选了部分字符时,可调整所选字符的间距;没有选择字符时,可调整所有字符的间距。

(3) 水平缩放▇和垂直缩放▇:水平缩放用于调整字符的宽度,垂直缩放用于调整字符的高度。这两个百分比相同时,可进行等比缩放;不同时,不等比缩放。

(4) 字距微调▇:用来调整两个字符之间的间距,在操作时首先在要调整的两个字符之间单击,设置插入点,再调整数值。

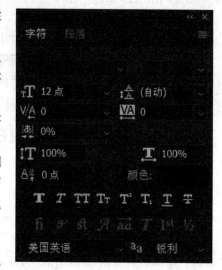

图 4-3 字符面板

(5) 基线偏移▇:用来控制文字与基线的距离,它可以升高或降低所选文字,如图 4-4 所示。

图 4-4 基线偏移

**5. 输入文字选区**

使用"横排文字蒙版"工具▇和"直排文字蒙版"工具▇可以创建文字选区,文字选区具有与其他选区相同的性质。

**6. 文字的变形**

"变形文字"对话框用于设置变形选项,包括文字的变形样式和变形程度。单击属性栏中的▇按钮,弹出"变形文字"对话框,对话框中的选项默认状态都显示为灰色,只有在"样式"下拉列表中选择除"无"以外的其他选项后才可调整,如图4-5所示。

图4-5 变形窗口

(1)"样式":此下拉列表中包含15种变形样式,选择不同样式产生的文字变形效果,如图4-6所示。

图4-6 变形效果图

(2)"水平"和"垂直":设置文本是在水平方向还是在垂直方向上进行变形。
(3)"弯曲":设置文本扭曲的程度。
(4)"水平扭曲"和"垂直扭曲":设置文本在水平或垂直方向上的扭曲程度。
(5)在没有将文本栅格化或者转变为形状之前,可以随时重置与取消变形。

(1)执行"文件"|"新建"命令,弹出"新建文档"对话框,设置文件名称为"杂志封面",大小为"宽度""570像素","高度"为"850像素",分辨率为"72",颜色模式为"RGB",单击"确定"按钮,新建文件,如图4-7所示。

(2)在工具箱中选择渐变工具,设置白色到紫色(#7c4082)渐变,在文件对角线方向拖动光标,为背景添加渐变效果,如图4-8所示。

(3)执行"文件"|"打开"命令,打开"打开文件"对话框,找到"配套素材文件"|"项目四"文件夹,打开"4-1.psd"文件;在工具箱中选择移动工具,单击光标拖动内容到杂志封面文件,如图4-9所示。

杂志封面制作

图 4-7 "新建文档"对话框

图 4-8 渐变背景效果图

图 4-9 添加素材效果图

(4) 右击图层 1,执行"混合选项"命令,弹出"图层样式"对话框,如图 4-10 所示;选择"外发光"命令,单击外发光混合模式右侧的色块,弹出"颜色"对话框,设置颜色为白色,设置大小

图 4-10 "图层样式"对话框

为 25,如图 4-11 所示。

(5) 在工具箱中选择横排文字工具,设置字体为 Stencil Std,设置字号为 120 点,前景色颜色为黑色,单击输入文字 fashion,如图 4-12 所示。

图 4-11 效果图 1

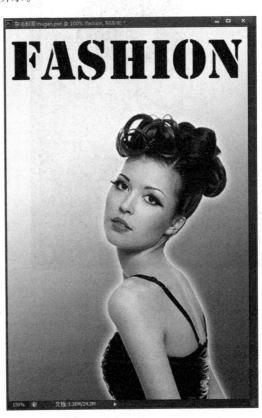

图 4-12 效果图 2

（6）右击文字层，执行"混合选项"命令，弹出"图层样式"对话框；执行"斜面与浮雕"命令，参数使用默认数值，单击"确定"按钮。

（7）选择横排文字工具，设置字体为"微软雅黑"，字体样式为"Bold"，字号为 30 点，前景色颜色为墨绿色（♯061d03），设置方粗体效果，字符面板如图 4-13 所示；单击输入文字"2015 年3 月"。

（8）选择"横排文字"工具，设置字体为"微软雅黑"，设置字号为 24 点，前景色颜色为灰色，单击输入文字"春季色彩搭配法则"，效果如图 4-14 所示。

图 4-13　字符面板

（9）选择"横排文字"工具，设置字体为 Algerian，设置字号为 24 点，前景色颜色为紫色（♯990099），单击输入文字"Love 家庭美食"，效果如图 4-15 所示。

图 4-14　效果图 3

图 4-15　效果图 4

（10）选择"横排文字"工具，选中图像中"Love 家庭美食"文字中的"家庭美食"，设置字号为 18 点，颜色为灰色，效果如图 4-16 所示。

（11）选择"横排文字"工具，设置字体为 Myriad Pro，字号为 24 点，颜色为灰色，输入文字 Healthy weight loss，效果如图 4-17 所示。

项目四　杂志版面制作——文字详解　117

图 4-16　效果图 3

图 4-17　效果图 4

（12）执行"文件"|"打开"命令，打开"打开文件"对话框，找到"配套素材文件"|"项目四"文件夹，打开"4-2.jpg"文件；在工具箱中选择移动工具，鼠标拖动内容到杂志封面文件，效果如图 4-18 所示。

（13）执行"文件"|"打开"命令，打开"打开文件"对话框，找到"配套素材文件"|"项目四"文件夹，打开"4-3.psd"文件；在工具箱中选择移动工具，单击拖动内容到杂志封面文件。

（14）按 Ctrl＋T 组合键对图层添加自由变换边控件，旋转放大后双击结束变换，将素材移动到文件的左下角，效果如图 4-19 所示。

（15）在工具箱中选择套索工具，在花朵周围绘制选区；按 Ctrl＋C 和 Ctrl＋V 组合键建立新图层。

（16）对花朵新图层进行复制，缩小后调整花朵的位置，并将大的花朵图层移动到人物图层下方，效果如图 4-20 所示。

（17）执行"文件"|"存储"命令，弹出"存储"对话框，选择文件存储位置，单击"确定"按钮结束制作。

图 4-18　效果图 5

图 4-19　效果图 6

图 4-20　效果图 7

## 任务二　杂志版面制作

### 一、段落文字

段落文字

**1. 段落文字的输入方法**

在输入段落文字之前,先利用"文字"工具绘制一个矩形定界框,以限定段落文字的范围,在输入文字时,系统将根据定界框的宽度自动换行。

输入段落文字的操作方法为:在"文字"工具组中选择 T 或 T 工具,然后在文件中拖曳鼠标光标绘制一个定界框,并在属性栏、"字符"面板或"段落"面板中设置相应的选项,即可在定界框中输入需要的文字。当调整文本定界框的大小或者调整对定界框进行旋转和倾斜时,文本会在定界框内重新排列。

**2. 点文字和段落文字的转换**

在图层面板中选择要转换的文字层,并确保文字没有处于编辑状态,然后执行"图层"|"文字"|"转换为点文本"或"转换为段落文本"命令,即可完成点文字与段落文字之间的相互转换。

**3. 格式化段落**

格式化段落是指设置文本中的段落属性,如设置段落的对齐、缩进和文本行的间距等。段落时末尾带有回车符的任何范围的文字,对于点文字来说,每行便是一个单独的段落;对于段落文本来说,由于定界框的不同,一般可能有多行。

执行"窗口"|"字符"命令或单击"文字"工具属性栏中的 ▦ 按钮都将弹出"字符"面板,选择段落选项卡。主要功能是设置文字对齐方式以及缩进量。当选择横向的文本时,如图 4-21 所示。

(1) 段落对齐

段落面板最上面的一排按钮用来设置段落的对齐方式,它们可以将文字与段落的某个边缘对齐。

① 左对齐文本 ▦ :文字左对齐,段落右端参差不齐。
② 居中对齐文本 ▦ :文字居中对齐,段落两端参差不齐。

图 4-21　段落面板

③ 右对齐文本 ▦ :文字右对齐,段落左端参差不齐。
④ 最后一行左对齐 ▦ :最后一行左对齐,其他行左右两端强制对齐。
⑤ 最后一行居中对齐 ▦ :最后一行居中对齐,其他行左右两端强制对齐。
⑥ 最后一行右对齐 ▦ :最后一行右对齐,其他行左右两端强制对齐。
⑦ 全部对齐 ▦ :在字符间添加额外的间距,使文本左右两端强制对齐。

(2) 段落缩进

缩进用来指定文字与定界框之间或与包含该文字的行之间的间距量。

① 左缩进 ▦ :横排文字从段落的左边缩进,直排文字从段落的顶端缩进。
② 右缩进 ▦ :横排文字从段落的右边缩进,直排文字从段落的底部缩进。
③ 首行缩进 ▦ :可缩进段落中的首行文字。对于横排文字,首行缩进与左缩进有关,对于直排文字,首行缩进与顶端缩进有关。如果该值为负值,则可以创建首行悬挂缩进。

(3) 设置段落间距

段前添加空格按钮 ▦ 和段后添加空格按钮 ▦ 用于控制所选段落的间距。

## 二、将文字层转换为普通层

文字图层是矢量元素,必须先将其转换为普通图层后才能使用画笔、滤镜等效果。文字图层转换为普通图层的方式是为文字图层执行"栅格化文字"命令,执行的方式有 3 种。

(1) 选中文字图层,执行"图层"|"栅格化"|"文字"命令即可将其转换为普通层。
(2) 在"图层"面板中要转换的文字层上右击,在弹出的菜单中选择"栅格化文字"选项。
(3) 在文字层中使用编辑工具或命令(如"画笔"工具、"橡皮擦"工具和各种"滤镜"命令等)时,将会弹出 Adobe Photoshop 询问对话框,直接单击"确定"按钮,也可以将文字栅格化。

## 三、水平文字和垂直文字的转换

在图层面板中选择要转换的文字层,并确保文字没有处于编辑状态,然后执行"图层"|"文字"|"水平"或"垂直"命令,或者点击文字属性栏的 ▦ 按钮可以进行水平文字和垂直文字的转换。

## 四、路径文字的输入

**1. 路径文字的输入方法**

路径文字是指创建在路径上的文字,文字会沿着路径排列。

先用"钢笔"工具或"矢量形状"工具创建任意形状的路径，选择文字输入工具，将鼠标放在路径边缘或内部，单击设置文字输入点，输入文字后还可以移动路径或更改路径的形状，文字的排列方式也会随之改变，如图 4-22 所示。

**2．将文字创建为工作路径**

执行"图层"|"文字"|"创建工作路径"命令，可以将文字转换为路径，转换后将以临时路径"工作路径"出现在"路径"面板中。

生成的工作路径可以应用填充和描边，或者通过调整锚点得到变形文字。工作路径可以像其他路径一样存储和编辑，但不能将此路径形态的文

图 4-22　输入路径文字效果

字作为文本再进行编辑。将文字转换为工作路径后，原文字图层保持不变并可继续进行编辑。

**3．将文字转换为形状**

选择文字图层，执行"图层"|"文字"|"转换为形状"命令，可以将它转换为具有矢量蒙版的形状图层。执行该命令后，不会保留文字图层。

 任务实践

杂志版面
制作

（1）执行"文件"|"新建"命令，弹出新建文件对话框，设置文件名称为"杂志版面"，文件大小为"宽度""400 像素"，"高度"为"600 像素"，分辨率为 72，颜色模式为"RGB"，单击"确定"按钮，新建文件，如图 4-23 所示。

图 4-23　新建文件对话框

（2）执行"文件"|"打开"命令，打开"打开文件"对话框，找到"配套素材文件"|"项目四"文件夹，打开"4-4.psd"文件。

(3) 在工具箱中选择移动工具,按住鼠标将内容拖动到杂志版面文件,效果如图 4-24 所示。

(4) 安装素材文件夹的"罗西钢笔行楷"字体文件,安装"罗西钢笔行楷"字体。

(5) 选择横排文字工具,设置字体为"罗西钢笔行楷",字号为 72 点,前景色为黑色,单击输入文字"浪漫夏日"。

(6) 选择横排文字工具,选中"漫夏日"三个文字,设置字号为 30 点,效果如图 4-25 所示。

图 4-24　效果图 1

图 4-25　效果图 2

(7) 在工具箱中选择矩形选框工具,拖动鼠标绘制矩形选区,效果如图 4-26 所示。

(8) 在工具箱中选择油漆桶工具,设置前景色为红色,在矩形选区内单击填充红色,效果如图 4-27 所示。

图 4-26　效果图 3

图 4-27　效果图 4

（9）选择多边形套索工具，在红色矩形右侧绘制三角形选区，选择图层2，按Delete键删除边缘内容，效果如图4-28所示。

（10）选择横排文字工具，设置前景色为黑色，字号为36点，字体为"微软雅黑"，输入文字"早春时尚"。

（11）选择横排文字工具，设置前景色为黑色，字号为12点，字体为"微软雅黑"，输入文字Early spring fashion，效果如图4-29所示。

图4-28　效果图5　　　　　　　　图4-29　效果图6

（12）选择横排文字工具，设置前景色为黑色，字号为14点，字体为"微软雅黑"，输入文字"最明智的选择就是遵循搭配的'清凉法则'"，效果如图4-30所示。

（13）在工具箱中选择椭圆形状工具，设置填充内容为形状，单击按住Shift键拖动绘制圆形路径，效果如图4-31所示。

图4-30　效果图7　　　　　　　　图4-31　效果图8

(14) 选择横排文字工具,设置前景色为黑色,字号为 12 点,字体为"微软雅黑",在路径附近移动鼠标,当鼠标指针形状发生变化时,单击输入文字,效果如图 4-32 所示。

(15) 选择横排文字工具,设置前景色为黑色,字号为 24 点,字体为"微软雅黑",在文件右侧按住鼠标拖动绘制文字段落空间,输入段落文字。

(16) 单击字符面板,设置字符行距为 24 点,效果如图 4-33 所示。

图 4-32　效果图 9

图 4-33　效果图 10

(17) 执行"文件"|"存储"命令,弹出"存储"对话框,选择文件存储位置,单击确定按钮,结束制作。

# 上机实训——设计制作图书内页

## 一、实训背景

在各种设计之中,文字是必不可少的元素。恰当的文字甚至可以起到画龙点睛的功效,也是一种装饰元素。本任务使用文字工具结合段落文本的编辑制作图书的卷首语。

## 二、实训内容和要求

本案例通过制作一张图书内页,介绍了段落文字的输入、段落格式化的方法。整个页面采用浅黄色为主色调,背景的处理使用了图层蒙版处理图像间的融合效果。

## 三、实训步骤

**1. 创建背景元素**

(1) 新建文件。

(2) 新建图层 1,使用渐变填充工具填充 R238、G178、B85 到白色再到 R245、G211、B160

的线性渐变色。

（3）打开素材"背景"，将其拖动至当前图像中，重命名新建图层为"风景背景"，调整至合适位置和大小。

（4）为使图像与背景过渡自然，给"风景背景"图层创建图层蒙版，填充从黑到白的渐变。

（5）打开素材"花纹"，将其拖动至当前图像中，重命名新建图层为"花纹背景"，调整至合适位置和大小。

（6）使图像与背景过渡自然，给"花纹背景"图层创建图层蒙版，填充从黑到白的渐变。并将其图层"填充"值调整为"77%"。

**2．创建点缀文字**

（1）新建图层"线1"，使用直线工具绘制一条黑色、3像素的直线。给该图层添加图层蒙版，填充从黑到白的渐变，使线条边缘模糊。

（2）使用直排文字输入工具输入点文字"卷首语"。

（3）使用直排文字输入工具输入点文字 juan shou yu。

（4）使用直排文字输入工具输入点文字"人"和"生"，颜色为 R184、G108、B51，字符格式如图 5-52 所示。

（5）给"人"和"生"图层添加"投影"图层样式。

（6）新建图层"线2"，使用直线工具绘制一条黑色、3像素的直线。添加"投影"图层样式。

（7）使用直排文字输入工具输入点文字"若只如初见"。

**3．创建段落文本**

（1）使用直排文字输入工具在画布中画一个矩形定界框，输入段落文字。

（2）设置字符和段落格式。

（3）制作完成后执行"文件"|"存储"命令，保存文件。

## 四、实训素材及效果参考图

**1．素材**

素材如图 4-34 和图 4-35 所示。

图 4-34　素材 1

## 2. 效果参考图

效果参考如图 4-36 所示。

图 4-35　素材 2

图 4-36　效果参考图

# 技能点测试

## 1. 职业技能要求

能为设计图案添加中文、英文字体文案并设计字体形态。

## 2. 选择题

（1）"变形文字"对话框中提供了很多种文字弯曲样式，下列选项中的（　　）不属于 Photoshop 中的弯曲样式。

　　A. 扇形　　　　　　B. 拱形　　　　　　C. 放射形　　　　　　D. 鱼形

（2）选择横排文字工具，在其工具选项栏中单击（　　）按钮，可以打开"字符"面板和"段落"面板。

　　A. ![](　)　　　　B. ![](　)　　　　C. ![](　)　　　　D. ![](　)

（3）下列工具中，（　　）可用于选择连续的相似颜色的区域。

　　A. 矩形选框工具　　　　　　　　　　B. 椭圆选框工具

　　C. 魔棒工具　　　　　　　　　　　　D. 磁性套索工具

（4）如图 4-37 所示的段落文本一侧沿斜线排列，要编排出这种版式，正确的操作步骤是（　　）。

　　A. 输入文字，然后将文本框旋转一定的角度

B. 使用钢笔工具绘制出闭合四边形路径,将鼠标放置在路径内任意位置单击,然后在路径内输入文字即可

C. 使用钢笔工具绘制出开放四边形路径,将鼠标放置在路径上任意位置单击,然后在路径内输入文字即可

D. 输入文字,然后对文本框执行"编辑"|"变换"|"变形"命令

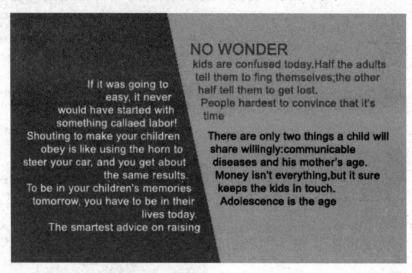

图 4-37　习题 4 图

(5) 为文字添加投影样式时,如果要使投影边缘的模糊程度增大,需要在"图层样式"面板中调节的参数是(　　)。

　　A. 大小　　　　　　B. 距离　　　　　　C. 扩展　　　　　　D. 等高线

(6) 下列对 Photoshop 中颜色库的描述不正确的是(　　)。

　　A. 在"色板"面板菜单中执行"载入色板"命令,可以将已有的颜色库添加到当前列表中

　　B. 可以将颜色库存储在机器的任何位置

　　C. 如果将库文件存储在 Photoshop 程序文件夹内的 Presets、Swatches 文件夹中,那么,在重新启动应用程序后,库名称就会出现在"色板"面板菜单底部

　　D. 在不同的程序间不能共享颜色库

(7) 图像的变换操作是 Photoshop 图像处理的常用操作之一,下列(　　)命令可以一次性实现图像多种变换效果。

　　A. "画布大小"　　B. "变换选区"　　C. "自由变换"　　D. "图像大小"

(8) 在 Photoshop 众多的图层类型中,可以从整体上调整图像的明暗及色相饱和度的图层是(　　)。

　　A. 文字图层　　　B. 调整图层　　　C. 形状图层　　　D. 背景图层

(9) 当前工具是"文字工具"时对段落文字不可执行的操作是(　　)。

　　A. 缩放　　　　　B. 旋转　　　　　C. 裁切　　　　　D. 倾斜

(10) 当你要对文字图层执行滤镜效果时,首先应当做什么(　　)。

　　A. 对文字图层进行栅格化

　　B. 直接在滤镜菜单下选择一个滤镜命令

　　C. 确认文字图层和其他图层没有链接

D. 使得这些文字变成选择状态,然后在滤镜菜单下选择一个滤镜命令

(11) 下面对文字图层描述正确的是( )。
A. 文字图层可直接执行所有的滤镜,并且在执行完各种滤镜效果之后,文字仍然可以继续被编辑
B. 文字图层可直接执行所有的图层样式,并且在执行完各种图层样式之后,文字仍然可以继续被编辑
C. 文字图层可以被转换成矢量路径
D. 每个图像中只能建立8个文字图层

(12) 下列参数中,( )不能再"字符"调板中设置。
A. 字体类型　　　B. 字体大小　　　C. 左缩进　　　D. 行距

(13) ( )不属于段落缩进。
A. 左缩进　　　B. 右缩进　　　C. 首行缩进　　　D. 末行缩进

(14) 下面关于文字图层的描述不正确的是( )。
A. 通过"图层"→"栅格化"→"图层",可将文字层转换为普通层
B. 通过"图层"→"栅格化"→"文字",可将文字层转换为普通层
C. "栅格化"是将文本图层转换为普通图层
D. 可以直接在文字图层上绘画

(15) 关于文字图层,错误的描述是( )。
A. 变形样式是文字图层的一个属性
B. 使用变形可以扭曲文字,但无法将文字变形为波浪形
C. 对文字图层应用"编辑"菜单中的变换命令后仍能编辑文字
D. 使用变形可以扭曲文字,将文字变形为扇形

# 项目 五

# 淘宝广告制作——路径详解

**【项目导入】**

广告设计是平面设计的重要组成部分,是以宣传某一物体或事件为目的的设计活动,重点是通过视觉元素向受众准确地表达诉求点。本项目为淘宝卖家制作网络广告,试图为卖家引进大流量,提高转化率。

**【项目分析】**

本项目利用路径及形状工具创建矢量元素,通过对路径的变化与描边、形状工具的变换和填充等操作完成广告主体部分的制作,利用文字转换为形状功能创建艺术文字效果,完成广告制作。

**【能力目标】**

- 能够利用路径工具绘制基本几何图形。
- 能够利用文字转换为形状功能更改文字外形,绘制艺术效果。
- 能够利用路径相关命令完成路径的描边、填充等操作。
- 能够利用直接选择、路径选择工具更改路径形状。
- 能够进行路径的绘制、编辑、描边、着色等基本操作,能将路径与选区相互转化。

**【知识目标】**

- 掌握路径的相关概念,包括锚点、方向线、方向点等内容。
- 掌握钢笔工具组和形状工具组各个工具的用法,包括钢笔工具、自由钢笔工具、转换点工具。

**【课程思政目标】**

电商的迅猛发展,为图形图像处理相关人员提供了大量的就业机会。项目选取电商广告制作作为载体,培养学生广告从业人员的职业道德和职业素养,养成团队协作、严谨规范的行业意识,激发学生对专业的认同感和责任感,增强学生的职业荣誉感。

# 任务一 广告主体元素制作

## 一、海报设计分析

海报即招贴,是当今信息传递的主要手段之一,是指张贴在公共场所的告示和印刷广告。在编排方面,海报招贴版面设计通常采用简洁夸张的手法,突出主题,达到强烈的视觉效果,从而吸引人们的注意,因此,海报招贴作为一种视觉传达艺术,最能体现平面设计的形式特征。

**1. 海报的种类**

海报按其应用的不同大致分为三种,即商业海报、艺术海报和公共海报。

(1)商业海报是指宣传产品或商业服务的商业广告性海报,是最常见的海报形式。该类海报的设计,要恰当地配合产品的格调和受众对象。它包括各类商品的宣传海报、服务类海报、旅游类海报、电影海报等。

(2)艺术类海报是一种以海报形式表达美术创新观念的艺术作品,包括各类画展、设计展的海报。

(3)公共海报包括宣传环保、交通安全、禁烟、禁毒、防火、防盗等公益类海报,还包括宣传政府部门指定的政策与法规的非公益类海报。

**2. 海报的构成要素**

图形、色彩和文案是构成海报的三大要素。

图形一般是指文字以外的视觉要素,包括摄影、绘画、标志、图案等。色彩是最重要的视觉元素,会使人产生不同的联想和心理感受,可以为商品营造独具个性的品牌魅力。

海报的文案包括海报的标题、正文、标语和随文等,好的文案不仅能直接体现产品的最佳利益点,还应与海报中的图形、色彩有机结合,产生最佳的视觉效果。

**3. 海报招贴的常用表现手法**

海报招贴设计在版面上要求简洁明了,信息突出,在色彩上常以大块面积色彩进行版面编排,以客观直白的色彩吸引人们的注意。招贴设计作为户外的广告,具有面积大的特征,在版面上应尽量使用最简洁、大面积的图形以及较大的字体。版面具有明确的分区,使其具有强烈的对比与视觉冲击力,从而达到吸引人们注意的目的。

(1)直接展示法:这是最常见且运用十分广泛的一种表现手法,将某种产品或主题直接如实地展示在广告版面上,充分运用摄影或绘画等写实表现能力。刻画并着力渲染产品的质感、形态和功能用途,将产品精美的质地呈现出来,给人以逼真的现场感,使消费者对所宣传的产品产生一种亲切感和信任感。

(2)对比法:对比是一种趋向于对立冲突的表现手法,把作品中所描绘的事物的性质和特点放在鲜明的对照和直接的对比中来表现,从对比所呈现的差别中集中、简洁地表现事物特性。

(3)合理夸张法:借助想象,对广告作品中所宣传的对象的品质或特性的某个方面进行相当明显的夸大,以加深人们对这些特征的认识。通过夸张手法能更鲜明地强调或揭示事物的实质,加强作品的艺术效果。

(4)特写法:对图像进行放大特写,使画面具有强烈的视觉效果,画面简洁明了。

海报设计讲求创意和冲击力，要配以精彩的文案，力求使我们的作品立体地呈现出企业的产品、文化、理念，与多数图片加文字堆砌组合的普通设计形成鲜明的对比，具有强烈的视觉冲击力，注重实用和创新。

## 二、路径的绘制与编辑

Adobe Photoshop 中的绘图包括创建矢量形状和路径。路径是 Photoshop 中的重要工具，主要用于绘制光滑线条、定义画笔等工具的绘制轨迹，以及与选择区域之间的转换。

### 1. 路径的基本概念

路径是由一个或多个直线或曲线线段所组成的。锚点会标示出路径线段的端点。在曲线线段上，每一个选取的锚点都会显示一个或两个以方向点结束的方向线。方向线和方向点的位置会决定曲线线段的尺寸和形状，移动这些成分就会重设路径中的曲线形状。选取的锚点为实心的圆形，未选取的锚点为空心的圆形。路径各概念如图 5-1 所示。

路径可以是封闭的。也可以是开放的。在 Photoshop 中，可以使用钢笔工具、自由钢笔工具或形状工具来创建路径。

图 5-1　路径

### 2. 钢笔工具

钢笔工具是描绘路径的常用工具，使用钢笔工具可以直接产生直线线段路径和曲线路径。在 Photoshop 中开始进行绘图之前，必须先从工具选项栏中选取绘图模式。选取的绘图模式将决定是在自身图层上创建矢量形状，还是在现有图层上创建工作路径或是在现有图层上创建栅格化形状。单击钢笔工具，工具选项栏如图 5-2 所示。

图 5-2　钢笔工具选项栏

绘图模式下拉列表中各选项的含义如下。

（1）路径：在当前图层中绘制一个工作路径，可随后使用它来创建选区、创建矢量蒙版，或者使用颜色填充和描边以创建栅格图形（与使用绘画工具非常类似）。除非存储工作路径，否则它是一个临时路径。路径会出现在"路径"面板中。

（2）形状：在单独的图层中创建形状。可以使用形状工具或钢笔工具来创建形状图层。因为可以方便地移动、对齐、分布形状图层以及调整其大小，所以形状图层非常适于为 Web 页创建图形。可以选择在一个图层上绘制多个形状。形状图层包含定义形状颜色的填充图层以及定义形状轮廓的链接矢量蒙版。形状轮廓是路径，它出现在"路径"面板中。

（3）像素：直接在图层上绘制，与绘画工具的功能非常类似。在此模式中工作时，创建的是栅格图像，而不是矢量图形。可以像处理任何栅格图像一样来处理绘制的形状。在此模式中只能使用形状工具。

### 3. 绘制直线

使用钢笔工具可以绘制的最简单路径是直线，将钢笔工具定位在起点并单击创建第一个锚点，继续单击可创建由直线段组成的路径。

按 Shift 键并单击可以将方向线的角度限制为 45°的倍数。如何要绘制闭合路径,则可将钢笔工具定位在初始锚点上,这时,钢笔工具指针旁将出现一个小圆圈,单击或拖动均可闭合路径。开放与闭合路径如图 5-3 所示。

(a) 开放路径　　(b) 闭合路径

图 5-3　开放与闭合路径

### 4. 绘制曲线

选择钢笔工具,单击定位曲线的起点,按住鼠标,此时会出现方向线和方向点,拖动鼠标设置好方向线的长度与角度,释放鼠标后创建第一个锚点;以此类推便可以创建曲线。绘制曲线时相邻锚点的方向线方向相反,出现的曲线为弧线;方向线方向相同,出现的曲线为 S 形曲线,称为"同向 S,反向弧"。弧线与 S 形曲线如图 5-4 所示。

(a) 方向线方向相反　　(b) 方向线方向相同

图 5-4　弧线与 S 形曲线

绘制曲线

### 5. 曲线的组成

曲线分为平滑曲线和锐化曲线两种类型,平滑曲线由称为平滑点的锚点连接,锐化曲线由角点连接。平滑点和角点如图 5-5 所示。

当在平滑点上移动方向线时,将同时调整平滑点两侧的曲线段;当在角点上移动方向线时,只调整与方向线同侧的曲线段。调整平滑点和角点的效果对比如图 5-6 所示。

(a) 平滑点　　(b) 角点　　　　(a) 调整平滑点　　(b) 调整角点

图 5-5　平滑点和角点　　　　图 5-6　调整平滑点和角点

角点和平滑点可以互相转换。要将角点转换成平滑点,可以单击角点并向外拖动,使方向线出现;单击平滑点,则可以将平滑点转换成没有方向线的角点。角点和平滑点的互相转换如图 5-7 和图 5-8 所示。

图 5-7　将方向点拖动出角点以创建平滑点　　图 5-8　单击平滑点以创建角点

#### 6. 自由钢笔工具

使用自由钢笔工具 可随意绘图,就像用铅笔在纸上绘图一样。绘图时将自由添加锚点,绘制路径时无须确定锚点位置。用于绘制不规则路径时,自由钢笔工具的工作原理与磁性套索工具相同,它们的区别在于前者建立的是路径,后者建立的是选区。使用自由钢笔工具绘图时,工具选项栏中会出现"磁性的"复选框。选中该复选框,可以将自由钢笔工具转换成磁性钢笔工具 。使用磁性钢笔工具绘图可以绘制与图像中定义区域的边缘对齐的路径,它和磁性套索工具有很多相同的选项。

#### 7. 路径选择工具

路径选择工具

在"路径"面板中选择路径,再使用路径选择工具 单击路径中的任何位置,即可选择路径(包括形状图层中的形状),并可以在图像中移动路径。要选择多个路径组件,可以按住 Shift 键并单击其他路径组件,将路径同时选中,一同编辑。

使用路径选择工具选择路径后,按住 Alt 键并拖动所选路径可以复制选中的路径。在工具选项栏中选中"显示定界框"复选框,可以对选中的路径进行自由变换。选择多个路径后,工具选项栏中的对齐与分布选项高亮显示,可以进行顶对齐、垂直居中对齐、底对齐、左对齐、水平居中对齐、右对齐等对齐操作,以及按顶分布、垂直居中分布、按底分布、按左分布、水平居中分布、按右分布等分布操作。

#### 8. 直接选择工具

直接选择工具

直接选择工具 主要用来选择并移动锚点。在"路径"面板中选择路径,再使用直接选择工具选择路径中的锚点,可以移动锚点及其方向线,按住 Alt 键可以单独修改一条方向线。在使用过程中按住 Ctrl 键,将切换到路径选择工具。

 任务实践

(1) 执行"文件"|"新建"命令,弹出"新建"对话框,设置"名称"为"淘宝广告制作","宽度"为 850 像素,"高度"为 550 像素,"分辨率"为 72 像素/英寸,"颜色模式"为"RGB 颜色",单击"确定"按钮新建文件,如图 5-9 所示。

图 5-9 "新建文档"对话框

(2) 执行"文件"|"打开"命令,打开"打开文件"对话框,找到"配套素材文件\项目五"文件夹,打开"5-1.jpg"文件;在工具箱中选择移动工具,拖动文件内容到"淘宝广告制作"文件中。

(3) 执行"文件"|"打开"命令,打开"打开文件"对话框,找到"配套素材文件\项目五"文件夹,打开"5-2.psd"文件;在工具箱中选择移动工具,拖动文件内容到"淘宝广告制作"文件中,效果如图 5-10 所示。

图 5-10　效果图 1

(4) 右击图层,在弹出的快捷菜单中执行"混合选项"命令,弹出"图层样式"对话框;选中"外发光"复选框,设置发光扩展为 70% 和大小为 20 像素,单击"确定"按钮,效果如图 5-11 所示。

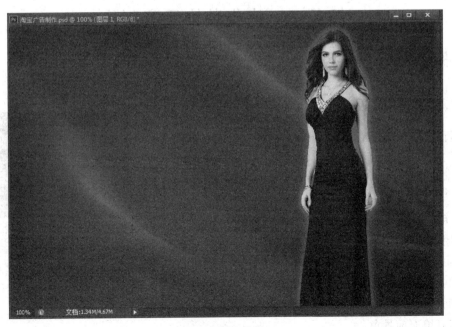

图 5-11　效果图 2

（5）在"图层"面板中单击"创建新图层"按钮 ▫，新建图层。

（6）在工具箱中选择画笔工具，设置前景色为白色；设置画笔笔尖硬度为0、大小为6像素、间距为250%，选中"形状动态"与"散布"复选框，在图层中绘制白色光点，起到装饰作用，效果如图5-12所示。

图5-12　效果图3

（7）执行"文件"|"存储"命令，弹出"存储"对话框，选择文件存储位置，单击"确定"按钮，结束制作。

## 任务二　广告装饰元素制作

### 一、"路径"面板

执行"窗口"|"路径"命令，可以打开"路径"面板，如图5-13所示。

### 二、路径应用

**1. 用前景色填充路径**

使用钢笔工具创建的路径只有在经过描边或填充处理后，才会成为图像。"填充路径"命令可用于使用指定的颜色、图像状态、图案或填充图层来填充包含像素的路径。在"路径"面板中选择路径，单击"路径"面板底部的"填充路径"按钮，即可填充前景色。

图5-13　"路径"面板

### 2. 用画笔描边路径

"描边路径"命令可用于绘制路径的边框。"描边路径"命令可以沿任何路径创建绘画描边,对路径进行描边。在使用此命令之前,应该先设置画笔的笔尖形状。

路径描边

### 3. 将路径转换为选区

路径提供平滑的轮廓,可以将它们转换为精确的选区边框;也可以使用直接选择工具进行微调,将选区边框转换为路径。任何闭合路径都可以定义为选区边框。在"路径"面板中选择路径,单击"路径"面板底部的"将路径作为选区载入"按钮,可以将路径转换为选区。右击工作路径,会弹出"建立选区"对话框,也可以创建选区,如图 5-14 所示。

其中,"操作"选项组中各选项的含义如下。

(1)新建选区:只选择路径定义的区域。
(2)添加到选区:将路径定义的区域添加到原选区中。
(3)从选区中减去:从当前选区中移去路径定义的区域。

选区与路径

图 5-14 "建立选区"对话框

(4)与选区交叉:选择路径和原选区的共有区域。如果路径和选区没有重叠,则不会选择任何内容。

图 5-15 "建立工作路径"对话框

### 4. 将选区转换为路径

选区也可以转化为路径。单击"路径"面板底部的"从选区生成工作路径"按钮,可以将当前选区创建为路径。单击"路径"面板中的菜单按钮,在弹出的菜单中执行"建立工作路径"命令,会弹出"建立工作路径"对话框,如图 5-15 所示。使用"建立工作路径"命令可以消除选区上的所有羽化效果。将选区转换为路径时,可以根据路径的复杂程度和在"建立工作路径"对话框中设置的容差值来改变选区的形状。

### 5. 存储工作路径

"路径"面板中的工作路径是临时路径,还未保存。要存储路径,可以将工作路径名称拖动到"路径"面板底部的"创建新路径"按钮上,路径自动使用默认名称保存。在"路径"面板菜单中执行"存储路径"命令,可以设置新的路径名。

### 6. 选择/取消选择路径

在"路径"面板中单击路径名可以选择路径,一次只能选择一条路径。在"路径"面板的空白区域中单击,或按 Esc 键可以取消路径选择。

### 7. 变换路径

在"路径"面板中选择路径后,执行"编辑"|"自由变换路径"命令,可以自由变换路径。执行"编辑"|"变换路径"命令,会弹出变换路径的子菜单,包括缩放、旋转、斜切、扭曲、透视、变形、翻转等命令,其工作原理与"编辑"|"变换"子菜单中的变换命令的功能基本相同。

变换路径

任务2
制作思路

（1）新建文件，在工具箱中选择钢笔工具，单击创建第一个锚点，向上拖动方向线，释放鼠标后向右上方移动鼠标，单击创建第二个锚点，向下方拖动方向线，释放鼠标后向右上方移动鼠标，单击创建第三个锚点，向上方拖动方向线，绘制一段曲线，效果如图 5-16 所示。

图 5-16　效果图 1

（2）在钢笔工具选项栏中，单击形状运算按钮，在弹出的菜单中执行"合并形状"命令，如图 5-17 所示。

（3）绘制第二条曲线，两条曲线相交，效果如图 5-18 所示。

图 5-17　执行"合并形状"命令

图 5-18　效果图 2

（4）在工具箱中选择路径选择工具，按住 Shift 键，单击两条曲线，将两条曲线同时选中。

（5）按 Ctrl+T 组合键，设置旋转角度为 10°，双击鼠标完成旋转动作。

（6）按 Ctrl+Alt+Shift+T 组合键，重复执行旋转命令，连续执行 6 次旋转，效果如图 5-19 所示。

图 5-19　效果图 3

（7）将背景图层填充为黑色后新建图层；选择画笔工具，设置笔尖为 2 像素、前景色为白色，在"路径"面板中单击"描边路径"按钮，效果如图 5-20 所示。

（8）选择移动工具，将"图层 1"移动到"淘宝广告制作"文件中。

（9）选择橡皮擦工具，设置笔尖形状为 50 像素、硬度为 0，擦除曲线左半部分并进行细节修饰。

（10）选择移动工具，将曲线移动到文件右上角，并拖动图层到人物图层下方，效果如图 5-21 所示。

图 5-20　效果图 4

图 5-21　效果图 5

（11）执行"文件"|"存储"命令,弹出"存储"对话框,选择文件存储位置,单击"确定"按钮,结束制作。

# 任务三　广告文字元素制作

## 一、形状工具组

Photoshop 中的绘图包括创建矢量形状和路径。在 Photoshop 中,可以使用任何形状工具、钢笔工具或自由钢笔工具进行绘制。形状工具组共包括矩形工具、圆角矩形工具、椭圆工

形状工具组

具、多边形工具、直线工具及自定形状工具 6 种。无论选择哪个工具绘制图形,都要先选择绘图模式,具体方法和钢笔工具的用法相同。

**1. 绘制单个形状**

选择任意形状工具,拖动鼠标即可绘制形状。每个形状工具都提供了相应的选项子集。绘制图形时,要在工具选项栏中单击形状按钮行右侧的箭头。下面以直线工具和椭圆工具为例,来说明选项子集的用法。

(1) 直线工具。选择直线工具,单击设置图标,弹出选项子集,如图 5-22 所示。

选项子集中各选项的含义如下。

① 起点/终点:用于向直线中添加箭头。选择直线工具,然后选中"起点"复选框,即可在直线的起点添加一个箭头;选中"终点"复选框,即可在直线的终点添加一个箭头;选中这两个选项,即可在直线的两端添加箭头。

② 宽度/长度:以直线宽度和长度的百分比指定箭头的比例("宽度"值从 10% 到 1000%,"长度"值从 10% 到 5000%)。

③ 凹度值:定义箭头最宽处(箭头和直线在此相接)的曲率,范围从 −50% 到 +50%。

(2) 椭圆工具。选择椭圆工具,单击设置图标,弹出选项子集,如图 5-23 所示。

图 5-22 直线工具选项子集

图 5-23 椭圆工具选项子集

选项子集中各选项的含义如下。

① 圆:将椭圆约束为圆。

② 比例:基于创建自定形状时所使用的比例对自定形状进行渲染。

③ 固定大小:根据在 W 和 H 文本框中输入的值,将矩形、圆角矩形、椭圆或自定形状渲染为固定形状。

④ 从中心:从中心开始渲染矩形、圆角矩形、椭圆或自定形状。

按住 Shift 键拖动鼠标绘制图形,可以将矩形或圆角矩形约束成方形,将椭圆约束成圆,或将线条角度限制为 45° 角的倍数。按住 Alt 键,可以从中心向外绘制图形,中心点为鼠标单击的位置,如图 5-24 所示。

**2. 绘制多个形状**

在路径图层中可以绘制多个单独的形状,也可以使用"添加到形状区域""从形状区域减去""交叉形状区域"或"重叠形状区域除外"选项来修改图层中的当前形状。

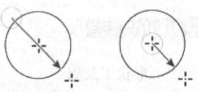

图 5-24 从角绘制和从中心绘制

① 添加到形状区域：将新的区域添加到现有形状或路径中。
② 从形状区域减去：将重叠区域从现有形状或路径中移去。
③ 交叉形状区域：将区域限制为新区域与现有形状或路径的交叉区域。
④ 重叠形状区域除外：从新区域和现有区域的合并区域中排除重叠区域。

**3. 绘制自定形状**

通过使用自定形状工具，可以挑选 Photoshop 软件自带的形状绘制图形，也可以存储用户绘制的形状，以便用作自定形状。

**4. 存储形状或路径作为自定形状**

在"路径"面板中选择路径，执行"编辑"|"定义自定形状"命令，在弹出的"形状名称"对话框中输入新自定形状的名称，即可存储形状或路径作为自定形状，新形状会显示在工具选项栏的形状下拉面板中。若要将新的自定形状存储为新库的一部分，可以在面板菜单中执行"存储形状"命令。

## 二、文字转换为形状

通过将文字转换为形状，可以创建艺术字形。输入文字后，执行"图层"|"文字"|"转换为形状"命令，即可将当前文字图层转换为形状图层。同时，在"路径"面板中，会自动生成一个具有矢量蒙版的形状图层。将文字转换成形状以后，不会再保留文字图层。

## 三、文字转换为工作路径

输入文字后，执行"图层"|"文字"|"创建工作路径"命令，即可将当前文字图层转换为工作路径。可以使用钢笔工具或路径选择工具对工作路径进行编辑，使其变成需要的美术字外观。

### 任务实践

（1）在工具箱中选择横排文字工具，设置前景色为白色、字体为"黑体"、字号为 150 像素，输入点文字"浓"。
（2）重复执行步骤(1)，分别输入"情""蜜""钻"3 个文字；"图层"面板中应有 4 个文字图层。
（3）在工具箱中选择移动工具，分别调整 4 个文字的位置，效果如图 5-25 所示。
（4）在"图层"面板中选择 4 个文字图层，按 Ctrl+E 组合键合并图层。
（5）按住 Ctrl 键，单击图层缩略图，将图层添加到选区。
（6）执行"图层"|"文字"|"创建工作路径"命令，将当前文字图层转换为工作路径，并存储工作路径。
（7）在工具箱中选择直接选择工具，搭配转换点工具调整文字路径，将"浓"字与"情"字连接到一起，效果如图 5-26 所示。
（8）单击"蜜"文字图层，执行"图层"|"文字"|"创建工作路径"命令，将当前文字图层转换为工作路径，删除"蜜"字顶部的点。
（9）选择自定形状工具，选择"皇冠 5"图形，在文字顶部绘制图形，效果如图 5-27 所示。
（10）删除文字图层，新建图层；将路径转换为选区后填充白色，效果如图 5-28 所示。
（11）选择自定形状工具，选择"箭头 8"图形，在文字底部绘制图形。

任务 3
制作思路

图 5-25　效果图 1

图 5-26　效果图 2

图 5-27　效果图 3

　　(12) 在工具箱中选择横排文字工具，设置前景色为白色、字体为"黑体"、字号为 30 像素，输入文字"敬请期待"，效果如图 5-29 所示。

　　(13) 执行"文件"|"打开"命令，打开"打开文件"对话框，找到"配套素材文件\项目五"文件夹，打开"5-3.psd"文件。

　　(14) 在工具箱中选择移动工具，拖动文件内容到"淘宝广告制作"文件的左下角，效果如图 5-30 所示。

　　(15) 执行"文件"|"存储"命令，弹出"存储"对话框，选择文件存储位置，单击"确定"按钮结束制作。

项目五 淘宝广告制作——路径详解 141

图 5-28 效果图 4

图 5-29 效果图 5

图 5-30　效果图 6

## 上机实训——设计制作卡通形象

### 一、实训背景

卡通文化蕴含着丰富的思想道德教育、审美教育、个性化创造以及绘画技能运用等内容，本实训要求使用钢笔工具绘制卡通形象，掌握路径的相关概念及基本工具的用法，同时掌握路径的绘制、编辑操作。

### 二、实训内容和要求

本实训绘制的企鹅卡通形象幽默夸张、生动可爱，是用绘画语言讲述故事的影视艺术形式中的艺术形象。实训中运用 Photoshop 基本工具完成创作，要求掌握钢笔工具、自由钢笔工具、转换点工具的用法。

### 三、实训步骤

（1）新建文件。

（2）创建"图层1"，使用椭圆选框工具画出选区并填充黑色，构成企鹅的身体。

（3）新建"图层2"，使用多边形套索工具，在身体左侧绘制三角形选区并填充黑色；在"图层"面板中，把"图层2"拖动到面板下方的"创建新图层"按钮上，生成"图层2副本"；执行"编辑"|"变换"|"水平翻转"命令，使用移动工具将图像拖动到身体右侧，制作胳膊效果。

（4）继续分层画出眼部和脚部，分别填充白色和黄色。

（5）画出企鹅的黑眼珠。

(6) 继续画出黄色鼻子和灰色肚皮。

(7) 选择"图层2副本",新建"图层8",使用椭圆选框工具创建选区。

(8) 使用渐变工具绘制渐变效果。

(9) 在"图层6"创建选区,然后绘制渐变效果。

(10) 用同样的方法处理脚和眼睛。

(11) 在背景图层填充喜欢的颜色。

## 四、效果参考图

设计制作的卡通形象效果如图5-31所示。

图5-31　效果参考图

# 技能点测试

**1. 职业技能要求**

能使用钢笔工具设计绘制基本和不规则形状图形的图案;能设计标志、图标、按钮、工具条等相关的图标图形。

**2. 选择题**

(1) 要调节路径的平滑角和转角形态,应采用的工具是(　　)。

　　A. ![] 　　　　B. ![] 　　　　C. ![] 　　　　D. 自由钢笔工具

(2) 在路径的调整过程中,如果要整体移动某一路径,可以使用(　　)工具来实现。

　　A. ![] 　　　　B. ![] 　　　　C. ![] 　　　　D. ![]

(3) 能够将"路径"面板中的工作路径转换为选区的组合键是(　　)。

　　A. Ctrl+Enter　　B. Ctrl+E　　C. Ctrl+T　　D. Ctrl+V

(4) 单击"动作"面板中的(　　)按钮,可以新建一个动作组。动作组如同图层中的图层组,是用来管理具体的动作的。

　　A. ![] 　　　　B. ![] 　　　　C. ![] 　　　　D. ![]

(5) 使用多边形工具在背景图层中绘制一个普通的单色填充多边形,绘制前应先在工具选项栏中单击(　　)按钮。

　　A. 路径　　　　B. 形状　　　　C. 像素　　　　D. 选区

(6) 在 Photoshop 中为一条直线自动添加箭头的正确操作是（　　）。
　　A. 在矩形选框工具选项栏中设置"箭头"参数
　　B. 在直线工具选项栏先设置"箭头"参数，然后绘制直线
　　C. 先使用直线工具绘制出一条直线，然后修改工具选项栏中的"箭头"参数
　　D. 使用绘图工具在直线一端绘制箭头图形
(7) 要想使图 5-32(a)中的曲线路径局部变为直线，如图 5-32(b)所示，应该采用的方法是（　　）。
　　A. 使用直接选择工具单击曲线路径顶端的平滑节点，使它转换为角点
　　B. 使用删除锚点工具将顶端节点两侧的方向线删除
　　C. 使用转换点工具单击曲线路径顶端的平滑节点，使它转换为角点
　　D. 使用路径选择工具单击路径上的平滑节点，使它转换为角点

图 5-32　习题 7 图

(8) 在 Photoshop 中，可以对位图进行矢量图形处理的是（　　）。
　　A. 路径　　　　B. 选区　　　　C. 通道　　　　D. 图层
(9) 使用矢量绘图工具组中的任一工具在图中绘制一个普通的单色填充图形，绘制前应先在工具选项栏中单击（　　）按钮。
　　A. 形状　　　　B. 路径　　　　C. 像素　　　　D. 选区
(10) 要使用多边形工具绘制出如图 5-33 所示的向内收缩的各种星形，在工具选项栏中必须选中（　　）选项。

图 5-33　习题 10 图

　　A. "星形"　　　　　　　　　　　　　B. "星形"与"平滑拐角"
　　C. "星形"与"平滑缩进"　　　　　　　D. "星形""平滑缩进"与"平滑拐角"
(11) 当浮动选区转换为路径时，在"路径"面板中自动创建的路径状态是（　　）。
　　A. 剪贴路径　　　　　　　　　　　　B. 开放的子路径
　　C. 工作路径　　　　　　　　　　　　D. 形状图层

（12）Photoshop 中在路径控制面板中单击"从选区建立工作路径"按钮，即创建一条与选区相同形状的路径，利用直接选择工具对路径进行编辑，路径区域中的图像的变化是（　　）。
　　A. 随着路径的编辑而发生相应的变化　　B. 没有变化
　　C. 位置不变,形状改变　　D. 形状不变,位置改变
（13）Photoshop 中要暂时隐藏路径在图像中的形状,应执行的操作是（　　）。
　　A. 在路径控制面板中单击当前路径栏左侧的眼睛图标
　　B. 在路径控制面板中按 Ctrl 键单击当前路径栏
　　C. 在路径控制面板中按 Alt 键单击当前路径栏
　　D. 单击路径控制面板中的空白区域
（14）以下不属于"路径"面板中的按钮的有（　　）。
　　A. 用前景色填充路径　　B. 用画笔描边路径
　　C. 从选区生成工作路径　　D. 复制当前路径
（15）在系统默认状态下,路径描边使用的颜色是（　　）。
　　A. 背景色　　B. 前景色　　C. 白色　　D. 黑色

# 项目六

# 公益广告制作——图像修复与色彩校正

**【项目导入】**

公益广告属于非商业性广告,是社会公益事业的一个重要组成部分。与其他广告相比,公益广告具有相当特别的社会性,在规范社会行为、改善社会风气、营造良好社会环境方面有着重要作用。本项目以大众日常生活中的绿色饮食话题为主题,运用创意独特的广告手段,表明鲜明的立场,来正确诱导社会公众。

**【项目分析】**

本项目以碗、筷、树木等生活元素来表现健康饮食的主题,利用图像修复工具去掉图像瑕疵并进行取样复制,利用图像调色与校色命令调整颜色使其搭配合理、主题突出。

**【能力目标】**

- 能够使用污点修复画笔工具、红眼工具去除图像的斑点瑕疵及红眼效果。
- 能够使用修复画笔工具、仿制图章工具、图案图章工具等完成对图像的取样及复制操作。
- 能够利用"调整"菜单下的各个命令完成图像的调色及校色操作。

**【知识目标】**

- 掌握污点修复画笔工具、修复画笔工具、修补工具、红眼工具、仿制图章工具及图案图章工具等图像修复工具的用法。
- 掌握历史记录画笔工具、历史记录艺术画笔工具、模糊工具与锐化工具、加深工具与减淡工具、涂抹工具、海绵工具等图像修公布工具的用法。
- 理解直方图的原理。
- 掌握"调整"菜单的相关命令。
- 掌握调整图层的原理及相关命令。

**【课程思政目标】**

公益广告在培育和践行社会主义核心价值观、营造全社会崇德向善的良好氛围等方面具有积极作用,项目选取公益广告制作作为载体,加强学生环保理念,提升学生环保意识,逐步实现意识与行为同步,为生态环境保护作出贡献。

## 任务一　广告主体元素制作

### 一、公益广告的创作要素

公益广告是以为公众谋利益和提高福利待遇为目的而设计的广告；是企业或社会团体向消费者阐明它对社会的功能和责任，表明自己追求的不仅仅是从经营中获利，而是过问和参与如何解决社会问题和环境问题这一意图的广告；是不以营利为目的而为社会公众切身利益和社会风尚服务的广告。公益广告具有社会的效益性、主题的现实性和表现的号召性三大特点。下面介绍公益广告的创作要素。

**1. 主题明确**

在公益广告的创作中，最重要的是要让受众群体知道这个广告主要表现的是什么内容，具体的目的是什么。这就要求创作者在创作的过程中要明确创作主题，并且围绕这个主题对广告的内容进行描写，这样一来，受众群体就能够很清楚地看到广告所表达的意思了。

**2. 富有创意**

创意是广告的灵魂和生命，广告要求"创意至上"，而要想创造出来的广告具有吸引力，就必须具有创意，在此基础上还要丰富广告的内容形式。创意对广告具有积极的推动作用，它有利于为广告提供明确的指导思想，有利于广告更好地为大众服务，有利于扩大广告的宣传力。可见，对于广告创作来说，创意具有重要的作用。

**3. 取材得当**

公益广告的作用就是对一些正面的、具有积极影响的事物进行宣传，以达到教育的目的。所以，广告创作者在创作的过程中，不仅要多观察身边所发生的事情，还要对其进行思考，挖掘出其内在的教育思想，并对其进行宣传，使更多的人能够在观看广告的同时受到教育。

### 二、图像修复工具

**1. 污点修复画笔工具**

污点修复画笔工具  可以快速去除照片中的污点，尤其是对人物面部的疤痕、雀斑等小面积内的缺陷修复最为有效。其修复原理是：在所修饰图像位置的周围自动取样，然后将其与所修复位置的图像融合，得到理想的颜色匹配效果。

污点修复画笔工具的使用方法非常简单，在工具箱中选择污点修复画笔工具，在工具选项栏中设置合适的画笔大小和选项后，在图像的污点位置单击即可去除污点。污点去除前后的效果如图6-1所示。

污点修复画笔工具选项栏如图6-2所示。

污点修复画笔工具选项栏中各选项的含义如下。

（1）模式：用于设置修复图像时使用的混合模式。除"正常""正片叠底"等常用模式外，该工具还包含一个"替换"模式。选择该模式时，可以保留画笔描边边缘处的杂色、胶片颗粒和纹理。

图 6-1　污点去除前后效果对比

图 6-2　污点修复画笔工具选项栏

（2）类型：用于设置修复方法。

（3）近似匹配：利用选区边缘周围的像素来取样，对选区内的图像进行修复。

（4）创建纹理：利用选区内的像素创建一个用于修复该区域的纹理。

（5）内容识别：利用选区周围的像素进行修复。

（6）对所有图层取样：如果当前文档包含多个图层，选中该选项后，可以从所有可见图层中对数据进行取样；取消选中该选项，则只从当前图层中取样。

**2. 修复画笔工具**

修复画笔工具

修复画笔工具 与污点修复画笔工具的修复原理基本相似，都是将没有缺陷的图像部分与被修复位置有缺陷的图像进行融合，得到理想的匹配效果。

使用修复画笔工具时需要先设置取样点，即按住 Alt 键，在取样点位置单击（单击处的位置为复制图像的取样点），然后松开 Alt 键，在需要修复的图像位置拖动鼠标，即可对图像中的缺陷进行修复，并使修复后的图像与取样点位置图像的纹理、光照、阴影和透明度相匹配，从而使修复后的图像不留痕迹地融入原图像中。修复画笔工具选项栏如图 6-3 所示。

图 6-3　修复画笔工具选项栏

修复画笔工具选项栏中各选项的含义如下。

（1）模式：用于设置修复图像的混合模式。

（2）源：用于设置修复像素的源。

（3）取样：可以从源图像的像素上取样。

（4）图案：可以在"图案"下拉列表中选择一个图案作为取样，效果类似于使用图案图章工具绘制图案。

（5）对齐：选中该选项，会对像素进行连续取样，在修复过程中，取样点随修复位置的移动而变化；取消选中该选项，则在修复过程中始终以一个取样点为起始点。

（6）样本：用于设置从指定的图层中进行数据取样。

（7）当前图层：仅从当前图层取样。

(8) 当前和下方图层：从当前图层及其下方的可见图层中取样。

(9) 所有图层：从所有可见图层中取样。

例如，选择修复画笔工具在图 6-4(a)中的左侧花朵处单击鼠标取样，然后在图像上方拖动鼠标进行复制，效果如图 6-4(b)所示。

图 6-4　使用修复画笔工具复制图案

### 3. 修补工具

使用修补工具  可以用图像中相似的区域或图案来修复有缺陷的部位或制作合成效果。与修复画笔工具一样，修补工具会将设定的样本纹理、光照和阴影与被修复图像区域进行混合，从而得到理想的效果。使用修补工具时需要用选区来定位修补范围。修补工具选项栏如图 6-5 所示。

图 6-5　修补工具选项栏

修补工具选项栏中各选项的含义如下。

(1) 创建选区方式：用于设置创建选区的方式。

- ■：创建一个新选区，如果图像包含选区，则原选区将被新选区替换。
- ■：添加到选区，可以在当前选区的基础上添加新选区。
- ■：从选区中减去，可以在原选区中减去当前绘制的选区。
- ■：与选区交叉，可以得到原选区与当前创建的选区相交的部分。

(2) 修补：用于设置修补方式。

(3) 源：选中该选项，当将选区拖动至要修补的区域以后，释放鼠标就会用当前选区中的图像修补原来选中的内容。

(4) 目标：选中该选项，会将选中的图像复制到目标区域。

例如，在文件中绘制了如图 6-6 所示的选区，进行修补操作时，同样是按住鼠标向文件上方拖动，选中"源"单选按钮时的修补效果如图 6-7 所示，选中"目标"单选按钮时的修补效果如图 6-8 所示。

(5) 透明：选中该选项后，可以使修补的图像与原图像产生透明的叠加效果。

(6) 使用图案：在"图案"下拉列表框中选择一个图案后，单击该按钮，可以用选择的图案修补选区内的图像。

图 6-6 原图

图 6-7 选中"源"单选按钮的修补效果

图 6-8 选中"目标"单选按钮的修补效果

### 4. 红眼工具

使用红眼工具 可以迅速去除用闪光灯拍摄的人物照片中的红眼,以及动物照片中的白色或绿色反光。其使用方法非常简单,在工具箱中选择红眼工具,在工具选项栏中设置合适的

"瞳孔大小"和"变暗量"参数后,在人物的红眼位置单击即可校正红眼,如图6-9所示。

在红眼工具选项栏中,"瞳孔大小"选项用于改变眼睛周围暗色的中心的大小,"变暗量"选项用于设置瞳孔的暗度。

**5. 仿制图章工具**

仿制图章工具 的功能是复制和修复图像,它通过在图像中按照设定的取样点来覆盖图像或将取样点图像应用到其他图像中来完成图像的复制操作,常用于复制图像内容或去除照片中的缺陷。

图6-9 去除红眼前后效果对比

仿制图章工具的使用方法为:选择仿制图章工具后,先按住Alt键,在图像中的取样点位置单击(单击处的位置为复制图像的取样点),然后松开Alt键,将鼠标光标移动到需要修复的图像位置拖动鼠标,即可对图像进行修复。

如要在两个文件之间复制图像,两个图像文件的颜色模式必须相同,否则将不能执行复制操作。仿制图章工具选项栏如图6-10所示。

图6-10 仿制图章工具选项栏

在仿制图章工具选项栏中,除"对齐"和"样本"选项外,其他选项均与画笔工具相同。

(1)对齐:选中该选项,可以连续对像素进行取样;取消选中该选项,则每单击一次鼠标,都使用初始取样点中的样本像素,每次单击都视为另一次复制。

(2)样本:与修复画笔工具选项栏中的"样本"选项一致。

仿制图章工具与修复画笔工具都可以对取样的图像进行复制,修复画笔工具可以使修复后的图像与取样点位置图像的纹理、光照、阴影和透明度相匹配,从而使修复后的图像不留痕迹地融入图像中,仿制图章工具则不能。

**6. 图案图章工具**

图案图章工具 可以利用软件本身提供的图案或者自定义的图案进行绘画。图案图章工具选项栏如图6-11所示。

图6-11 图案图章工具选项栏

图案图章工具选项栏中各选项的含义如下。

(1)对齐:选中该选项,可以保持图案与原起点的连续性,即使多次单击鼠标也不例外;取消选中该选项,则每次单击都重新应用图案。

(2)印象派效果:选中该选项可以模拟出印象派效果的图案。

## 三、图像修饰工具

**1. 模糊工具与锐化工具**

模糊工具 可以柔化图像,减少图像细节;锐化工具 可以增强图像中相邻像素之间

模糊与锐化

的对比,提高图像的清晰度。选择这两个工具后,在图像中拖动鼠标即可进行相应处理。

在使用模糊工具时,如果反复涂抹图像的同一区域,会使该区域变得更加模糊;使用锐化工具反复涂抹同一区域,则会造成图像失真。

模糊工具选项栏如图 6-12 所示,锐化工具选项栏与它完全相同。

图 6-12　模糊工具选项栏

模糊工具选项栏中各选项的含义如下。

(1) 画笔:选择一个笔尖,模糊或锐化区域的大小取决于画笔的大小。
(2) 模式:用于设置工具的混合模式。
(3) 强度:用于设置工具的强度。
(4) 对所有图层取样:如果文档中包含多个图层,选中该选项,表示使用所有可见图层中的数据进行处理;取消选中该选项,则只处理当前图层中的数据。

加深与减淡

**2. 减淡工具与加深工具**

(1) 减淡工具  可以对图像的阴影、中间色和高光部分进行提亮和加光处理,从而使图像变亮。

(2) 加深工具 则可以对图像的阴影、中间色和高光部分进行遮光变暗处理,从而使图像变暗。减淡工具选项栏如图 6-13 所示。

图 6-13　减淡工具选项栏

减淡工具选项栏中各选项的含义如下。

① 范围:可以选择要修改的色调。
② 阴影:处理图像的暗色调。
③ 中间调:处理图像的中间调。
④ 高光:处理图像的亮色调。
⑤ 曝光度:可以为减淡工具或加深工具指定曝光,该值越高,效果越明显。
⑥ (喷枪):单击该按钮,可以为画笔开启喷枪功能。
⑦ 保护色调:可以保护图像的色调不受影响。

涂抹工具

**3. 涂抹工具**

使用涂抹工具 涂抹图像时,可以拾取单击处的颜色,并沿鼠标拖动的方向展开这种颜色,模拟类似于手指拖过湿油漆时的效果。涂抹工具选项栏如图 6-14 所示。

图 6-14　涂抹工具选项栏

在涂抹工具选项栏中,除"手指绘画"选项外,其他选项均与模糊工具及锐化工具相同。选中"手指绘画"复选框,可以在涂抹时添加前景色;取消选中此复选框,则使用每个描边起点处光标所在位置的颜色进行涂抹。涂抹工具适合于扭曲小范围的图像,大面积的图像可以使用液化滤镜。

#### 4. 海绵工具

海绵工具 可以修改色彩的饱和度，选择该工具后，在画面单击并拖动鼠标涂抹即可进行相应处理。海绵工具选项栏如图 6-15 所示，其中，"画笔"和"喷枪"选项与加深工具及减淡工具相同。

图 6-15　海绵工具选项栏

海绵工具选项栏中各选项的含义如下。

（1）模式：要增加色彩的饱和度，可以选择"饱和"选项；要降低色彩的饱和度，则选择"降低饱和度"选项。

（2）流量：可以为海绵工具指定流量。该值越高，工具的强度越大，效果越明显。

（3）自然饱和度：选中该选项，可以在增加饱和度的同时，防止颜色过度饱和而出现溢色。

#### 5. 历史记录画笔工具

历史记录画笔工具 可以将图像恢复到编辑过程中的某一个步骤状态，或者将部分图像恢复为原样。该工具需要配合"历史记录"面板一同使用。

例如，对图像执行"图像"|"调整"|"去色"命令后，在"历史记录"面板中选择需要恢复的步骤，用历史记录画笔工具涂抹，即可以部分恢复历史记录中的信息，原图如图 6-16 所示，效果图如图 6-17 所示。

图 6-16　原图

图 6-17　效果图

#### 6. 历史记录艺术画笔工具

历史记录艺术画笔工具 与历史记录画笔工具的工作方式完全相同，但它在恢复图像的同时会进行艺术化处理，创建出独具特色的艺术效果。历史记录艺术画笔工具选项栏如图 6-18 所示。

历史记录画笔

图 6-18　历史记录艺术画笔工具选项栏

历史记录艺术画笔工具选项栏中各选项的含义如下。

（1）样式：用于设置绘画描边的形状。

（2）区域：用于设置绘画描边所覆盖的区域。该值越高，覆盖的区域越大，描边的数量也就越多。

（3）容差：用于限定应用绘画描边的区域。低容差可用于在图像中的任何地方绘制无数条描边，高容差会将绘画描边限定在与源状态或快照中的颜色明显不同的区域。

（1）执行"文件"|"新建"命令，弹出"新建"对话框，设置"名称"为"公益广告"，"宽度"为560像素，"高度"为890像素，"分辨率"为72像素/英寸，"颜色模式"为"RGB颜色"，单击"确定"按钮新建文件，如图6-19所示。

图6-19 "新建"对话框

（2）执行"文件"|"打开"命令，打开"打开文件"对话框，找到"配套素材文件\项目六"文件夹，打开"6-1.jpg"文件；在工具箱中选择移动工具，按住鼠标拖动文件内容到"公益广告"文件中，将图层名称改为"底纹"，效果如图6-20所示。

（3）执行"文件"|"打开"命令，打开"打开文件"对话框，找到"配套素材文件\项目六"文件夹，打开"6-2.jpg"文件；选择魔棒工具，单击白色背景创建选区。

（4）按Ctrl+Shift+I组合键执行反选操作；在工具箱中选择移动工具，按住鼠标拖动文件内容到"公益广告"文件中；按Ctrl+T组合键为图层添加自由变换边框，按住Shift键单击边框左上角向内侧拖动缩小图片，双击结束变换，将图层名称改为"大树"，效果如图6-21所示。

（5）选择仿制图章工具，按住Alt键在大树树枝上单击取样；松开Alt键，按住鼠标在树枝缝隙处涂抹，使树冠变得茂盛，如图6-22所示。

（6）重复执行步骤（5），将树冠的所有缝隙都使用仿制图章工具取样填充，效果如图6-23所示。

（7）执行"文件"|"打开"命令，打开"打开文件"对话框，找到"配套素材文件\项目六"文件夹，打开"6-3.jpg"文件；选择磁性套索工具，沿着碗的轮廓创建选区。

项目六　公益广告制作——图像修复与色彩校正

图 6-20　效果图 1

图 6-21　效果图 2

图 6-22　效果图 3

图 6-23　效果图 4

（8）在工具箱中选择移动工具，拖动文件内容到"公益广告"文件中；按 Ctrl＋T 组合键，对图层添加自由变换边框，按住 Shift 键，鼠标单击边框左上角向内侧拖动缩小图片，双击鼠标结束变换，将图层名称改为"碗"，效果如图 6-24 所示。

（9）选择移动工具，在"图层"面板中将"碗"图层移动到"大树"图层下方，效果如图 6-25 所示。

图 6-24　效果图 5　　　　　　　　　　　图 6-25　效果图 6

（10）执行"文件"|"打开"命令，打开"打开文件"对话框，找到"配套素材文件\项目六"文件夹，打开"6-4.jpg"文件；选择圆形套索工具，创建椭圆选区。

（11）在工具箱中选择移动工具，拖动文件内容到"公益广告"文件中；按 Ctrl＋T 组合键，对图层添加自由变换边框，调整至合适大小，双击鼠标结束变换，将图层名称改为"小草"，效果如图 6-26 所示。

（12）选择魔棒工具，单击蓝色天空创建选区，按 Delete 键删除背景。

（13）选择橡皮擦工具，沿着碗的外轮廓擦除草地的多余部分，效果如图 6-27 所示。

（14）执行"文件"|"存储"命令，弹出"存储"对话框，选择文件存储位置，单击"确定"按钮结束制作。

项目六　公益广告制作——图像修复与色彩校正　157

图 6-26　效果图 7

图 6-27　效果图 8

## 任务二　海报颜色调整

知识储备

在对数码照片进行后期处理时,通常会利用颜色控制命令来对照片做调色和校色处理。熟练掌握图像色彩和色调的控制,才能对图像的效果做综合设置,从而完成高品质的作品。Photoshop 设置了丰富的图像颜色控制命令,这些命令集中于主菜单中的"图像"|"调整"菜单下。

### 一、图像色调控制

图像的色调(也称色相)是人眼对多种波长的光线产生的彩色感觉,与色调相关的概念与命令主要有"直方图""亮度/对比度""色阶""曲线""色彩平衡"等。

**1. "直方图"命令**

直方图又称亮度分布图,直方图中用图形表示像素在图像中的分布情况,它显示所有图像色彩的分布情况,即在暗调、中间调和亮调(高光)中所包含像素的分布情况。

例如,当打开素材文件"直方图.jpg"(见图 6-28)时,执行"窗口"|"直方图"命令,可以打开"直方图"面板,如图 6-29 所示。

图 6-28　素材图

图 6-29　"直方图"面板

图 6-30　直方图扩展视图

默认情况下,"直方图"面板将以紧凑视图形式打开,没有控件或统计数据。用户可以调整视图,方法是单击面板菜单按钮■,在弹出的菜单中执行"扩展视图"命令,再将"通道"选项由"颜色"改为 RGB,如图 6-30 所示。

直方图用图形表示图像每个亮度级别的像素数量,展示像素在图像中的分布情况。直方图的长度表示从左边的黑色到右边的白色的 256 种亮度,直方图的高度表示此亮度的像素数量。直方图可以帮助用户确定某个图像是否有足够的细节来进行良好的校正。图像的亮度是指作用于人眼所引起的明亮程度,在图像处理中是指图像颜色的相对明暗程度。

#### 2. "亮度/对比度"命令

图像的对比度是指不同颜色的差异程度,对比度越大,两种颜色之间差异越大。执行"图像"|"调整"|"亮度/对比度"命令,会弹出"亮度/对比度"对话框,如图 6-31 所示。

"亮度/对比度"对话框中各选项的含义如下。

(1) 亮度:用于调节图像的亮度(0~100)。

(2) 对比度:用于调节图像的对比度(0~100),向左移动滑块会使图像的亮区更亮,暗区更暗,从而增加图像的对比度;向右移动滑块会使图像的亮区和暗区都向灰色靠拢,直至完全变成灰色。

图 6-31  "亮度/对比度"对话框

#### 3. "色阶"命令

"色阶"命令可以精确调整图像中的明、暗和中间色彩,既可用于整个彩色图像,也可在每个彩色通道中进行调整。例如,打开素材文件"色阶.jpg"(见图 6-32),执行"图像"|"调整"|"色阶"命令,弹出"色阶"对话框,如图 6-33 所示。

图 6-32  原图

图 6-33  原图的"色阶"对话框

"色阶"对话框中的图示表示了图像每个亮度值所含像素的多少,最暗的像素点在左边,最亮的像素点在右边。"输入色阶"用于显示当前的数值,"输出色阶"用于显示将要输出的数值。

"色阶"对话框中各选项的含义如下。

(1) 通道:用于选择需要处理的彩色通道,颜色模式不同,通道也会不同。

(2) 吸管工具:在"色阶"对话框的右下方有黑、灰、白三个吸管,选择一个吸管在图像中单击,即可以当前取样点的值作为色阶调整的参考点(最暗点、灰平衡点、最亮点)。

(3) 输入色阶:通过加深最暗的彩色和加亮最亮的彩色来修改图像的对比度,它的调整将增加图像的对比度。它有 3 个输入框,从左到右分别表示图像的暗区、中间色和亮区。暗区和亮区的取值范围都是 0~255,中间色的取值范围是 0.10~9.90。

(4) 输出色阶:通过加亮最暗的像素和调暗最亮的像素来缩减图像亮度色阶的范围,可以降低图像的对比度。输入值的范围是 0~255。

通过滑杆可以调节色阶值,黑、白、灰三个三角分别用于调整暗调、亮调和中间色。将原图的"色阶"对话框中暗调、亮调和中间色的数值调整为 3、163 以及 1.22,如图 6-34 所示,即可调整图片的明暗效果,效果如图 6-35 所示。

图 6-34　调整后的"色阶"对话框　　　　图 6-35　调整色阶后的效果图

### 4."曲线"命令

"曲线"命令与"色阶"命令都用于调整图像的色调,但"色阶"命令仅对亮部、暗部和中间灰度进行调整;而"曲线"命令允许调整图像色调曲线上的任一点,可以校正图像,也可以产生特殊效果。执行"图像"|"调整"|"曲线"命令,会弹出"曲线"对话框,如图 6-36 所示。

图 6-36　"曲线"对话框

"曲线"对话框中各选项的含义如下。

(1) 曲线图:水平轴(X 轴)代表图像的输入值,为图像原亮度值;垂直轴(Y 轴)代表图像的输出值,为图像的新值。当对话框第一次打开时,所有的输入值都等于输出值(形成对角线)。在曲线图的原点,输入色阶和输出色阶的值都为0。在图中可以通过鼠标拖动曲线,向右拖动输入值增加,向上拖动则输出值增加;在图中移动鼠标,会显示不同点的色阶值;单击曲线,会显示单击点的图像输入和输出的色阶值;可以通过拖动曲线或在相应文本框中输入数值来调整图像的输入或输出色阶值。

(2) 亮度条:曲线图左侧和下方的亮度条体现了图中亮区和暗区的过渡方向,在亮度条上单击就可以使黑色和白色对调,而色调曲线也会随之反转。

(3) 曲线工具:曲线工具用于设置控制点和修改曲线,在曲线上单击可以增加控制点,拖动该控制点可以调节曲线。把控制点拖到图像范围以外,就可以删除控制点。还可以按住Ctrl键,把鼠标移到文档窗口中单击添加控制点,把该点像素的色阶添加到当前所选择的通道的曲线上,而其他通道的曲线保持不变。如果要加到所有通道的曲线上,则要按住Ctrl+Shift组合键,然后单击想要选择的颜色。

(4) 吸管工具:吸管工具的作用与"色阶"对话框相同。注意,未选择任何吸管工具时,在图像中单击取点,只是获取当前值并不改变图像曲线;而选择了吸管工具后,在图像中单击时会同时改变图像的色调分布。

例如,打开如图6-37所示的素材文件,执行"图像"|"调整"|"曲线"命令,调整"曲线"对话框,如图6-38所示,提高亮度后效果如图6-39所示。

图6-37 原图

**5. "色彩平衡"命令**

"色彩平衡"命令允许混合各种色彩来达到色彩平衡效果。执行"图像"|"调整"|"色彩平衡"命令,会弹出"色彩平衡"对话框,如图6-40所示。

图 6-38 调整后的"曲线"对话框

图 6-39 效果图

图 6-40 "色彩平衡"对话框

"色彩平衡"选项组中的滑杆用于调整相应颜色及其补色的比例,滑杆的右侧显示该滑杆对应的基色,左侧显示该颜色的补色,拖动滑块,图像增加某方向的色彩,而减少另一个方向的色彩。在"色调平衡"选项组中,对"阴影""中间调""高光"选项的选择可以针对图像的不同色调部分进行调整,"保持明度"选项用于确保亮度值不变。

## 二、图像色彩调整

图像的色彩调整命令用于控制图像色彩,主要包括"色相/饱和度""去色""替换颜色""可选颜色""通道混合器"与"渐变映射"等。

### 1."色相/饱和度"命令

图像的饱和度是指颜色的纯度,即掺入白光的程度。对于同一色调的彩色光,饱和度越高,颜色越鲜明。执行"图像"|"调整"|"色相/饱和度"命令,会弹出"色相/饱和度"对话框,如图 6-41 所示。

图 6-41 "色相/饱和度"对话框

"色相/饱和度"命令有两个功能:一是在现有图像的色相值和饱和度的基础上调整图像的色彩;二是在保留图像核心亮度值的基础上,通过指定新的色相值和饱和度来给图像着色。

"色相/饱和度"对话框中各选项的含义如下。

(1) 编辑:默认为"全图"选项,将会调整所有色彩。如果选中"着色"复选框,则色彩范围不起作用。

(2) 色相:色相值可在-180°~180°范围内进行调整。如果选中"着色"复选框,则色相值会在 0°~360°范围内进行调整。色相的调整改变图像颜色。

(3) 饱和度:一般情况下,饱和度的变化范围是-100~100。如果选中"着色"复选框,饱和度就变成一个绝对值,其变化范围是 0~100。

(4) 明度:明度的取值范围是-100~100,可以改变图像的亮度。

(5) 色谱:表示调整的色彩范围。上方的色谱表示调整前的状态,下方的色谱表示调整后的状态。

(6) 吸管工具:在单色状态下可以使用吸管工具调节色彩范围。选择吸管工具,在图像中某点处单击,以确定相应颜色范围,会在两条色谱之间出现一个色彩范围标示,并且在"编辑"下拉列表框中会显示与所取值对应的色彩,然后可以用带加号的吸管工具或带减号的吸管工具在图像上单击,以扩大或缩小色彩范围。例如,打开素材"手镯.jpg"文件(见图 6-42),调整图片的色相/饱和度,然后将手镯中的宝石添加到选区,分选区调整色相/饱和度,最终效果如图 6-43 所示。

图 6-42　原图

图 6-43　效果图

### 2. "去色"命令

执行"图像"|"调整"|"去色"命令,会把图像的饱和度降为 0,使图像变成灰度图像。该命令与"图像"|"模式"|"灰度"命令具有类似的图像效果,只不过执行"灰度"命令后,图像的模式就变成灰度了;而执行"去色"命令后,仍然保留图像原有的颜色模式。

### 3. "替换颜色"命令

"替换颜色"命令的作用是用其他颜色替换图像中的特定颜色,允许选择一定的色彩区域,然后调整该区域的色相及饱和度。执行"图像"|"调整"|"替换颜色"命令,会弹出"替换颜色"对话框,如图 6-44 所示。

图 6-44 "替换颜色"对话框

其中,"选区"选项组主要用于预览特定的色彩区域;"替换"选项组与"色相/饱和度"对话框相同,使用方式也类似。

### 4. "可选颜色"命令

"可选颜色"命令多用于调整 CMYK 图像中的色彩,也可用于 RGB 和 Lab 图像的色彩调整。该命令允许增减所用颜色的油墨百分比,并可分通道调整,即单独针对每种颜色区域进行调整,而不影响其他颜色区域。执行"图像"|"调整"|"替换颜色"命令,会弹出"可选颜色"对话框,如图 6-45 所示。

其中,"颜色"下拉列表用于选择要编辑的预定颜色,下方的滑杆用于调节图像中油墨的分量。

### 5. "通道混合器"命令

"通道混合器"命令用于将当前颜色通道中的像素与其他颜色通道中的像素按一定比例混合,以创建高品质、特效图像。执行"图像"|"调整"|"通道混合器"命令会弹出"通道混合器"对话框,如图 6-46 所示。

"通道混合器"对话框中各选项的含义如下。

① 输出通道:用于选择要在图像中改变的通道。
② 源通道:用于调节输出通道的色彩。
③ 常数:用于增加颜色通道的补色,以亮化或暗化输出通道(左移暗化,右移亮化)。
④ 单色:选中该选项,会在通道中创建灰度图像。

图 6-45 "可选颜色"对话框

图 6-46 "通道混和器"对话框

### 6. "渐变映射"命令

"渐变映射"命令用于通过把渐变色映射到图像上来产生特殊的效果。执行"图像"|"调整"|"渐变映射"命令，会弹出"渐变映射"对话框，如图 6-47 所示。

图 6-47 "渐变映射"对话框

"渐变映射"对话框中各选项的含义如下。

① 灰度映射所用的渐变：用于选择渐变色，可以单击下拉按钮，在弹出的下拉面板中选择 Photoshop 预置的渐变色，或单击渐变颜色条，打开"渐变编辑器"进行选择，选择好渐变色后，渐变色就会映射到图像上，而产生特殊效果。

② 仿色：选择该选项可以使颜色过渡更平滑。

③ 反相：选择该选项可以使渐变色反向。

## 三、颜色校正命令

颜色校正命令主要用于当前图像的颜色修整，主要包括"反相""阈值"和"变化"等命令。

### 1. "反相"命令

执行"图像"|"调整"|"反相"命令，可以把每个像素的色彩反转为与其互补的色彩，如同制作相片的负片。例如，对如图 6-48 所示的图片执行"反相"命令，效果如图 6-49 所示。

图 6-48　原图　　　　　　　　　　　　图 6-49　执行"反相"命令的效果图

### 2. "阈值"命令

"阈值"命令会把所有的彩色依据其亮度值转变为黑色或者白色，从而使原图像变为高对比度的黑白图像。执行"图像"|"调整"|"阈值"命令，会弹出"阈值"对话框，对话框中的滑块用于调节图像的中间亮度值，把比这个值亮的色彩转变为白色，把比这个值暗的色彩转变为黑色。

例如，打开如图 6-50 所示的素材"阈值.jpg"文件，执行"阈值"命令后的效果如图 6-51 所示。

图 6-50　原图　　　　　　　　　　　　图 6-51　执行"阈值命令"的效果图

### 3. "匹配颜色"命令

"匹配颜色"命令可以将一个图像的颜色与另一个图像中的色调相匹配，也可以使同一文档不同图层之间的色调保持一致。执行"图像"|"调整"|"匹配颜色"命令，会弹出"匹配颜色"

对话框,如图 6-52 所示。

图 6-52 "匹配颜色"对话框

在默认情况下,"匹配颜色"命令是采用参考图像中的整体色调匹配目标图像的。匹配不同图像文件中的颜色时必须同时打开两幅图像文档,然后选中想要更改颜色的图像文档,执行"图像"|"调整"|"匹配颜色"命令,在对话框的"源"下拉列表中选择另外一幅图像文档名称,完成后直接单击确定按钮,目标图像就会更改为源图像中的色调。

### 任务实践

(1) 打开"公益广告"文件,单击选中"纹理"图层,设置前景色为♯7a1c01,执行"图像"|"调整"|"渐变映射"命令,弹出"渐变映射"对话框,单击"确定"按钮,效果如图 6-53 所示。

(2) 单击选中"大树"图层,执行"图像"|"调整"|"曲线"命令,弹出"曲线"对话框,设置如图 6-54 所示参数,最终效果如图 6-55 所示。

(3) 执行"图像"|"调整"|"色相/饱和度"命令,弹出"色相/饱和度"对话框,如图 6-56 所示,效果如图 6-57 所示。

(4) 执行"调整"|"图像"|"自动对比度"命令,弹出"自动对比度"对话框,单击"确定"按钮,效果如图 6-58 所示。

(5) 在工具箱中选择横排文字工具,设置字体为"华文行楷"、字号为 60 点、前景色为棕色

图 6-53 效果图 1

项目六　公益广告制作——图像修复与色彩校正　169

图 6-54　"曲线"对话框

图 6-55　效果图 2

图 6-56 "色相/饱和度"对话框

图 6-57 效果图 3

图 6-58 效果图 4

(♯7a1c01),在文件下方单击鼠标,输入文字"绿色饮食""吃出健康",效果如图 6-59 所示。

(6) 执行"文件"|"打开"命令,打开"打开文件"对话框,找到"配套素材文件\项目六"文件夹,打开"6-4.jpg"文件;选择魔术棒工具,单击白色背景创建选区。

(7) 按 Ctrl+Shift+I 组合键,执行反选操作;在工具箱中选择移动工具,拖动文件内容到"公益广告"文件中;按 Ctrl+T 组合键对图层添加自由变换边框,按住 Shift 键单击边框左上角向内侧拖动缩小图片,双击结束变换,效果如图 6-60 所示。

项目六 公益广告制作——图像修复与色彩校正 171

图 6-59 效果图 5

图 6-60 效果图 6

（8）执行"文件"|"存储"命令，弹出"存储"对话框，选择文件存储位置，单击"确定"按钮，结束制作。

# 上机实训——制作金秋色彩效果

## 一、实训背景

　　数码照片是数字化的摄影作品，通常指采用数码相机进行创作的摄影作品。数码照片可以直接在计算机中进行后期处理，使用 Photoshop 软件可以对照片进行切割、旋转、去污、修复、调色与校色的后期操作。本实训主要介绍数码照片后期处理中的调色与校色功能。

## 二、实训内容和要求

　　数码照片后期色彩处理有很大的灵活空间，以风景照片为例，既可以将同一张照片处理成不同季节的色彩，也可以根据个人喜好调整出唯美、油画等不同风格。本实训要将盛夏的照片调整为具有秋意的景色。

## 三、实训步骤

　　（1）打开素材"林荫.jpg"文件，单击"图层"面板下方的"创建新的填充或调整图层"按钮，在弹出的下拉菜单中执行"曲线"命令，打开"曲线"对话框，调整曲线弧度。

　　（2）单击"图层"面板下方的"创建新的填充或调整图层"按钮，在弹出的下拉菜单中执行

"通道混和器"命令,打开"通道混和器"对话框,调整金秋色彩。

(3) 设置"调整通道混和器图层"的"不透明度"为 80%。

(4) 单击"图层"面板下方的"创建新的填充或调整图层"按钮,在弹出的下拉菜单中执行"色相/饱和度"命令,打开"色相/饱和度"对话框,设置数值加深色彩。

(5) 单击"图层"面板下方的"创建新的填充或调整图层"按钮,在弹出的下拉菜单中执行"色彩平衡"命令,打开"色彩平衡"对话框,设置"色阶"数值为-17、18、0。

(6) 选择画笔工具,设置笔尖大小为 50 像素、硬度为 0、透明度为 80%;单击选中色彩平衡蒙版,涂抹道路部分。

(7) 按 Shift+Ctrl+Alt+E 组合键,盖印可见图层,"图层"面板中自动生成"图层 1";设置"图层 1"的"混合模式"为"柔光""不透明度"为 30%。

(8) 单击"图层"面板下方的"创建新的填充或调整图层"按钮,在弹出的下拉菜单中执行"亮度/对比度"命令,打开"亮度/对比度"对话框,设置"亮度"为 37、"对比度"为 0。

(9) 单击"图层"面板下方的"创建新的填充或调整图层"按钮,在弹出的下拉菜单中执行"可选颜色"命令,打开"可选颜色"对话框,设置"青色"为 0、"洋红"为+26%、"黄色"为+28%、"黑色"为 0。

(10) 单击"图层"面板下方的"创建新的填充或调整图层"按钮,在弹出的下拉菜单中执行"色阶"命令,打开"色阶"对话框,设置"输入色阶"数值为 0、1.10、215。

(11) 执行"文件"|"另存为"命令,弹出"另存为"对话框,设置文件存储位置,单击"确定"按钮。

## 四、实训素材及效果参考图

实训素材图见图 6-61,效果参考图见图 6-62。

图 6-61　素材图

图 6-62　效果参考图

# 技能点测试

**1. 职业技能要求**

能调整图片颜色饱和度、亮度、对比度。

**2. 选择题**

(1) 下列选项中的(　　)命令可以参照另一幅图像的色调来调整当前图像。

　　A."替换颜色"　　　　　　　　　　B."匹配颜色"

　　C."照片滤镜"　　　　　　　　　　D."可选颜色"

(2) 如图6-63所示的地面图案形成了近大远小的效果,这是通过(　　)变形操作生成的。

图6-63　习题2图

　　A."编辑"|"变换"|"放缩"　　　　　B."编辑"|"变换"|"斜切"

　　C."编辑"|"变换"|"透视"　　　　　D."编辑"|"变换"|"变形"

(3) "色阶"命令是通过输入或输出图像的亮度值来改变图像的品质的,其亮度值的取值范围为(　　)。

　　A. 0～50　　　　B. 0～100　　　　C. 0～255　　　　D. 0～150

(4) "模糊"菜单中的(　　)命令可以使模糊后的图像像素更加平滑,因此经常被用来处理艺术照片的朦胧效果。

　　A."特殊模糊"　　　　　　　　　　B."表面模糊"

　　C."方框模糊"　　　　　　　　　　D."镜头模糊"

(5) 下列对Photoshop中颜色库的描述不正确的是(　　)。

　　A. 从"色板"面板菜单中执行"载入色板"命令,可以将已有的颜色库添加到当前列表

　　B. 可以将颜色库存储在机器的任何位置

　　C. 如果将库文件存储在Photoshop程序文件夹内的Presets/Swatches文件夹中,那么,在重新启动应用程序后,库名称就会出现在"色板"面板菜单的底部

　　D. 在不同的程序间不能共享颜色库

(6) 在"色相/饱和度"对话框中,要将图6-64(a)处理为图6-64(b)或图6-64(c)所示的单一色调效果,正确的调节方法是(　　)。

　　A. 调整"色相"参数,使图像偏品红色调

(a)           (b)           (c)

图 6-64 习题 6 图

    B. 将"饱和度"和"明度"数值减小

    C. 选中"着色"复选框，然后调节"色相"和"明度"参数

    D. 将红通道的"饱和度"数值减小

(7) (　　)格式是一种将图像压缩到 Web 上的文件格式，和 GIF 格式一样，在保留清晰细节的同时，也高效地压缩实色区域。但不同的是，它可以保存 24 位的真彩色图像，并且支持透明背景和消除锯齿边缘的功能，可以在不失真的情况下压缩保存图像。

    A. PICT          B. PNG          C. TIFF          D. EPS

(8) 通过通道运算可以产生非常奇妙的效果，通道的运算是基于两个通道中相对应的(　　)来进行计算的。

    A. 彩色信息       B. 灰度图像       C. 像素点       D. 选区

(9) 下列选项中的(　　)命令可以将图像变成如同普通彩色胶卷冲印后的底片效果。

    A. "阈值"       B. "色调均化"       C. "去色"       D. "反相"

(10) 要将图 6-65(a)中的蓝色礼物盒快速复制一份到图右侧，如图 6-65(b)所示，可以采用工具箱中的(　　)工具来快速实现。

(a)           (b)

图 6-65 习题 10 图

    A. 图案印章工具          B. 修复画笔工具

    C. 修补工具             D. 仿制印章工具

(11) Photoshop 点开始复制，而非按断开处继续复制，其原因是(　　)。

    A. 此工具的"对齐的"复选框未被选中

B. 在使用仿制图章复制图像时,每一次释放左键后再次开始复制图像,都将从原取样此工具的"对齐的"复选框被选中

C. 操作的方法不正确

D. 此工具的"用于所有图层"复选框被选中

(12) Photoshop 中利用仿制图章工具不可以在(　　)进行克隆操作。

　　A. 两幅图像之间　　　　　　　　B. 两个图层之间

　　C. 原图层　　　　　　　　　　　D. 文字图层

(13) 在 Photoshop 中下面有关修补工具(PatchTool)的使用描述正确的是(　　)。

　　A. 修补工具和修复画笔工具在修补图像的同时都可以保留原图像的纹理、亮度、层次等信息

　　B. 修补工具和修复画笔工具在使用时都要先按住 Alt 键来确定取样点

　　C. 在使用修补工具操作之前所确定的修补选区不能有羽化值

　　D. 修补工具只能在同一张图像上使用

(14) Photoshop 中在使用仿制图章复制图像时,每一次释放左键后再次开始复制图像,都将从原取样点开始复制,而非按断开处继续复制,其原因是(　　)。

　　A. 此工具的"对齐的"复选框未被选中

　　B. 此工具的"对齐的"复选框被选中

　　C. 操作的方法不正确

　　D. 此工具的"用于所有图层"复选框被选中

(15) "亮度/对比度"命令是通过设置亮度值和对比度值来调整图像的明暗变化的,其中亮度值的取值范围为(　　)。

　　A. 0～255　　　　B. 0～100　　　　C. −150～150　　　　D. 0～150

# 项目七

## 博客效果图制作——蒙版与通道

【项目导入】

博客是一种通常由个人管理、不定期张贴新文章的网站,是一种方便、易用、极具价值的网络个人表达平台。本项目为喜爱音乐的博主制作个人博客主页,使用户熟练地掌握蒙版和通道的运用方法。

【项目分析】

本项目利用通道将戴着耳麦的人物进行图像分离,利用蒙版将音符等素材与背景进行融合,添加了方便与用户交流分享生活的按钮,使用户熟练地掌握蒙版和通道的运用方法。

【能力目标】

- 理解蒙版和通道的原理;
- 能使用图层蒙版制作图像的无痕拼接效果;
- 能利用通道为发丝等内容进行抠图。

【知识目标】

- 图层蒙版的创建、删除、停用与应用
- 图层蒙版的原理
- 通道的原理
- 通道的创建、保存、分离及合并。

【课程思政目标】

随着社交媒体的发展,大学生接收信息的渠道更加多元化。项目选取博客效果制作作为载体,引导学生言论自由的同时应该遵守法律和道德的底线,在互联网上表达意见、发表言论更应当提高自律意识,为营造健康向上的网络空间环境贡献力量。

## 任务一 人物选取

### 一、通道

通道是 Photoshop 最为核心的功能之一,可以记录颜色信息以及保存选区。通道作为图像的组成部分,与图像的格式密不可分,图像颜色、格式的不同决定了通道的数量和模式,在通道面板中可以直观地看到。

通道

Photoshop 中包含 3 种类型的通道,即颜色通道、专色通道和 Alpha 通道,当打开一个图像时,Photoshop 会自动创建颜色信息通道。

**1. 复合通道**

复合通道不包含任何信息,它只是同时预览并编辑所有颜色通道的一个快捷方式。通常被用来在单独编辑完一个或多个颜色通道后使通道面板返回到它的默认状态。平常所进行的操作,都是针对复合通道的,在编辑复合通道时,将影响所有的颜色通道。

**2. 颜色通道**

通道记录
颜色信息

颜色通道记录了图像的打印颜色和显示颜色。图像的颜色模式决定了颜色通道的数量,RGB 图像包含了 3 个通道(红、绿、蓝)和一个用于编辑图像的复合通道;CMYK 图像包含 4 个通道(青色、洋红、黄色、黑色)和一个复合通道;Lab 图像包含 3 个通道(明度、a、b)和一个复合通道;位图、灰度、双色调和索引颜色图像都只有一个通道,如图 7-1~图 7-3 所示。

图 7-1 RGB 颜色模式的通道

图 7-2 CMYK 颜色模式的通道

图 7-3 颜色模式的通道

**3. 专色通道**

专色通道是一种特殊的颜色通道,可以使用除青色、洋红、黄色、黑色以外的颜色来绘制图像。专色是特殊的预混油墨,如金属质感的油墨、荧光油墨等。它们用于替代和补充普通的印刷油墨。在"通道"面板中单击扩展按钮,在菜单中选择"新建专色通道"命令即可新建专色通道。

**4. Alpha 通道**

用来保存选区。可以使用绘画工具和滤镜来编辑该通道,从而对选区进行修改。在 Photoshop 中制作出的各种效果都离不开 Alpha 通道。

## 二、通道的操作

### 1. 创建通道

单击"通道"面板底部的"创建新通道"按钮 ，即可新建一个 Alpha 通道，如图 7-4 所示。

如果当前文档中创建了选区，例如图 7-5 所示的情况。单击"将选区存储为通道"按钮 ，可以将选区保存到 Alpha 通道中，如图 7-6 所示。

### 2. 选择与编辑通道

单击"通道"面板中的一个通道即可选择该通道，此时窗口图像中会显示该通道的灰度图像。

图 7-4　新建通道

图 7-5　选区

图 7-6　将选区存储为通道

如果按住 Shift 键单击其他通道，则可以选择多个通道，此时图像窗口中显示的是这些通道的复合结果。

选择通道后，可以使用绘画工具或者滤镜工具对它们进行编辑。当编辑完一个或多个通道后，如果想要返回到默认的状态来查看彩色图像，则可以单击复合通道，这时，所有的颜色通道重新被激活。

### 3. 复制与删除通道

将所需要复制的通道拖动到"创建新通道"按钮 上，即可复制该通道。选择需要删除的通道后，单击"删除当前通道"按钮 ，或者将该通道拖动到"删除当前通道"按钮 上，即可将其删除。

如果被删除的通道是颜色通道，则图像会转换为多通道模式，多通道模式不支持图层，因此，图像中所有的图层都会拼合为一个图层。

### 4. 通道的分离与组合

（1）分离通道

分离通道是将图像中的所有通道分离成多个独立的图像。一个通道对应一幅图像。分离后,原始图像将自动关闭。对分离的图像进行加工,不会影响原始图像。

在进行分离通道的操作以前,一定要将图像中的所有图层合并到背景图层中,如果图像有多个图层,则应单击"图层"|"拼合图像"命令,将所有图层合并到背景图层中。然后单击"通道"调板菜单中的"分离通道"菜单命令。

(2) 合并通道

合并通道是将分离的各个独立的通道图像再合并为一幅图像。执行"通道"调板菜单中的"合并通道"菜单命令。

任务实践

(1) 执行"文件"|"新建"命令,弹出新建文件对话框,设置文件名称为"博客效果图","宽度"为 990 像素,"高度"为 340 像素,分辨率为 72 像素/英寸,颜色模式为"RGB 颜色",单击"确定"按钮新建文件,如图 7-7 所示。

图 7-7 新建文件对话框

(2) 填充背景色为黑色。

(3) 执行"文件"|"打开"命令,打开"打开文件"对话框,找到"配套素材文件"|"项目七"文件夹,打开"7-1.jpg"文件。

(4) 执行"窗口"|"通道"命令,打开通道面板,效果如图 7-8 所示。

(5) 按住鼠标将蓝色通道向新建通道按钮上拖动,松开鼠标后新建"蓝 副本"通道,通道面板如图 7-9 所示。

(6) 执行"图像"|"调整"|"反相"命令,文件效果如图 7-10 所示。

(7) 选择磁性套索工具,沿着人物轮廓拖动鼠标创建选区,效果如图 7-11 所示。

(8) 设置前景色为白色,按 Alt+Delete 组合键,将选区填充为前景色白色,效果如图 7-12 所示。

(9) 按 Ctrl+D 组合键取消选择。

图 7-8　通道面板 1　　　　　图 7-9　通道面板 2

图 7-10　效果图 1

图 7-11　效果图 2

图 7-12　效果图 3

（10）选择多边形套索工具，沿着头发轮廓创建选区，效果如图 7-13 所示。

图 7-13　效果图 4

（11）执行"选择"|"修改"|"羽化"命令，设置羽化值为 4 像素。
（12）执行"图像"|"调整"|"色阶"命令，弹出"色阶"对话框，如图 7-14 所示。

图 7-14 "色阶"对话框

（13）利用"设置白场"与"设置黑场"按钮将头发调整为白色，背景调整为黑色，效果如图 7-15 所示。

图 7-15 效果图 5

（14）按 Ctrl＋D 组合键取消选择。
（15）单击"将通道作为选区载入"按钮，将"蓝 副本"通道载入选区，效果如图 7-16 所示。
（16）单击"RGB"通道缩略图显示全部颜色通道。
（17）选择图层面板单击背景图层，按 Ctrl＋Shift＋J 组合键复制图层，图层面板如图 7-17 所示。
（18）隐藏背景图层可以看到人物及头发部分都被复制出来。
（19）将文件保存为"7-1.psd"文件，留作素材使用。

项目七 博客效果图制作——蒙版与通道 183

图 7-16　效果图 6

图 7-17　图层面板

## 任务二　博客背景制作

### 一、蒙版概述

在编辑图像中，为了方便地显示和隐藏原图像并且保护原图像不被更改的技术我们称为蒙版。蒙版是传统暗房中控制照片不同区域曝光度的技术，Photoshop 中的蒙版是用来控制图像显示区域的一项功能，可以用它来隐藏不想显示的区域，但不会删除这些内容，只需将蒙版删除，便可以恢复图像。因此，用蒙版处理图像是一种非破坏性的编辑方式。在 Photoshop

蒙版概述

软件中,蒙版一般分为4种,包括快速蒙版、图层蒙版、矢量蒙版、剪贴蒙版。另外,工具箱中的横排文字蒙版工具、直排文字蒙版工具也可以创建蒙版。

## 二、图层蒙版

### 1. 图层蒙版原理

蒙版的基本操作

图层蒙版是与文档具有相同分辨率的 256 级色阶灰度图像。蒙版中的纯白色区域可以遮盖下面图层的内容,只显示当前图层的图像;蒙版中的纯黑色区域可以遮盖当前图层的图像,显示下面图层的内容;蒙版中的灰色区域会根据其灰度值使当前图层中的图像呈现出不同层次的透明效果。

基于以上原理,如果要隐藏当前图层中的图像,可以使用黑色涂抹蒙版;如果要显示当前图层中的图像,可以使用白色涂抹蒙版;如果要使当前图层中的图像呈现半透明效果,则使用各种灰色涂抹蒙版。

### 2. 创建图层蒙版

执行"图层"|"图层蒙版"|"显示全部"命令,可以创建一个显示图层内容的白色蒙版。

执行"图层"|"图层蒙版"|"隐藏全部"命令,可以创建一个隐藏图层内容的黑色蒙版。

在"图层"面板上单击"添加图层蒙版"按钮 即可创建一个空白蒙版,图层面板如图 7-18 所示。

我们使用画笔、加深、减淡、涂抹等工具修改图层蒙板时,可以选择不同样式的笔尖,此外,还可以用各种滤镜编辑蒙版,得到特殊的图像合成效果。例如,利用图 7-19~图 7-21 三张素材图片,结合蒙版制作图像的融合效果如图 7-22 所示。

图 7-18　空白蒙版

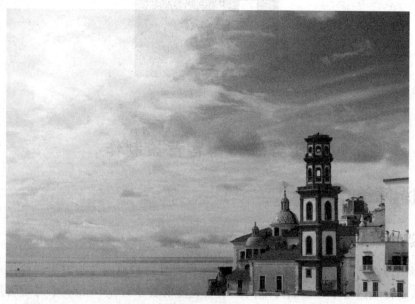

图 7-19　素材图 1

项目七 博客效果图制作——蒙版与通道 185

图 7-20 素材图 2

图 7-21 素材图 3

图 7-22 效果图

蒙版与选区

**3. 从选区生成蒙版**

先创建选区，执行"图层"|"图层蒙版"|"显示选区"命令，可以基于选区创建蒙版；如果执行"图层"|"图层蒙版"|"隐藏选区"命令，则选区内的图像将被蒙版遮盖。也可创建选区后，单击图层面板添加图层蒙版按钮。

**4. 删除图层蒙版**

选中蒙版缩览图，执行"图层"|"图层蒙版"|"删除"命令；或右击在快捷菜单中选中"删除图层蒙版"；或将其拖至图层面板底部的删除按钮，在弹出的"要在移去之前将蒙版应用于图层吗"对话框中选中"删除"，即可删除蒙版，同时取消蒙版产生的效果。

执行"图层"|"图层蒙版"|"应用"命令或右击，在快捷菜单中选中"应用图层蒙版"；或将其拖至图层面板底部的删除按钮，在弹出的"要在移去之前将蒙版应用于图层吗"对话框中选中"应用"，也可删除蒙版，但保留蒙版产生的效果。

**5. 链接与取消链接蒙版**

创建图层蒙版后，蒙版缩略图和图像缩略图中间有一个链接标志，它表示蒙版与图像处于链接状态，此时进行变换操作，蒙版会同图像一起变换；执行"图层"|"图层蒙版"|"取消链接"命令或单击该图标可以取消链接，取消后可独立变换蒙版也可以单独变换蒙版。

添加图层蒙版后，蒙版缩略图外侧有一个白色的边框，表示蒙版处于编辑状态；如果要编辑图像，则单击图像缩略图，将边框转移到图像上。图层处于编辑状态时图层面板如图 7-23 所示，蒙版处于编辑状态时图层面板如图 7-24 所示。

图 7-23　图层处于编辑状态　　　　图 7-24　蒙版处于编辑状态

**6. 复制与转移蒙版**

按住 Alt 键将一个图层的蒙版拖至另外的图层，可以将蒙版复制到目标图层。如果直接将蒙版拖至另外的图层，则可将蒙版转移到目标图层，原图层将不再有蒙版。

### 三、矢量蒙版

矢量蒙版

由钢笔、自定义形状等矢量工具创建的蒙版，它与分辨率无关，常用来制作 Logo、按钮或其他 Web 元素。无论图像自身的分辨率是多少，只要使用了该蒙版，都可以得到平滑的轮廓。

**1. 创建矢量蒙版**

使用钢笔工具或者自定义形状工具在画面中绘制路径,执行"图层"|"矢量蒙版"|"当前路径"命令,或者按住 Ctrl 键单击添加图层蒙版按钮 ![ ],即可基于当前路径创建矢量蒙版。例如,两个图层的最初效果如图 7-25 所示;绘制多边形路径,添加矢量蒙版后效果如图 7-26 所示,矢量蒙版如图 7-27 所示。

图 7-25 添加矢量蒙版前

图 7-26 创建矢量蒙版后效果

图 7-27 矢量蒙版图层面板

执行"图层"|"矢量蒙版"|"显示全部"命令,可以创建一个显示全部图像内容的矢量蒙版;执行"图层"|"矢量蒙版"|"隐藏全部"命令,可以创建隐藏全部图像内容的矢量蒙版。

**2. 将矢量蒙版转换为图层蒙版**

单击矢量蒙版缩览图,执行"图层"|"栅格化"|"矢量蒙版"命令,或右击矢量蒙版缩览图,在弹出的菜单中选择"栅格化矢量蒙版",可以将其栅格化,转换为图层蒙版。矢量蒙版的删

除、链接等操作与图层蒙版完全相同,在此不再赘述。

**3. 剪贴蒙版**

剪贴蒙版可以用一个图层中包含像素的区域来限制它上层图像的显示范围。它的最大优点是可以通过一个图层来控制多个图层的可见内容(这些图层必须相连),而图层蒙版和矢量蒙版只能用于控制一个图层。

执行"图层"|"创建剪贴蒙版"命令或按 Alt+Ctrl+G 组合键,可为当前图层与它下面的图层创建为一个剪贴蒙版。例如,文件中包含 3 个图层,图层缩略图如图 7-28 所示,中间的心形图层"图层 2"被上方的图层覆盖,最初显示效果如图 7-29 所示。如果为"图层 1"添加剪贴蒙版,则会出现图 7-30 的效果图,添加剪贴蒙版的图层面板如图 7-31 所示。

图 7-28  图层面板 1

图 7-29  效果图 1

图 7-30  效果图 2

图 7-31  图层面板 2

项目七　博客效果图制作——蒙版与通道　　189

在图 7-31 的剪贴蒙版组中,"图层 2"名称带有一个下画线,表示此图层为基底图层,上面的图层 1 为内容图层(缩览图是缩进的,并显示 图标)。基底图层中的包含像素的区域控制内容图层的显示范围,因此,移动基底图层就可以改变内容图层的显示区域。

选择内容图层,执行"图层"|"释放剪贴蒙版"命令,或按 Alt+Ctrl+G 组合键,可释放全部剪贴蒙版。

任务实践

(1) 执行"文件"|"打开"命令,打开"打开文件"对话框,打开 7-2 文件;在工具箱中选择移动工具,按住鼠标左键将 7-2 拖动博客效果图文件,效果如图 7-32 所示。

图 7-32　效果图 3

(2) 执行"文件"|"打开"命令,打开"打开文件"对话框,找到任务一中制作的"7-1.psd"文件;在工具箱中选择移动工具,单击鼠标将图层 1 拖动博客效果图文件;执行 Ctrl+T 组合键对图层添加自由变换边框,按住 Shift 键,单击边框左上角向内侧拖动缩小图片,双击结束变换,效果如图 7-33 所示。

图 7-33　效果图 4

(3) 选择套索工具,将头发部分添加到选区,效果如图 7-34 所示。

(4) 分别按 Ctrl+C 和 Ctrl+V 组合键复制选区内容,图层面板中出现"图层 2 副本"图层。

(5) 选择移动工具,单击方向键将"图层 2 副本"图层与图层 2 对齐,将"图层 2 副本"图层的混合模式改为"变亮",效果如图 7-35 所示。

图 7-34　效果图 5

图 7-35　效果图 6

（6）在图层面板中选中图层 1，添加图层蒙版，图层面板如图 7-36 所示。

（7）选择画笔工具，设置前景色为黑色，在文件右下方拖动鼠标涂抹图层蒙版，不断调整前景色为深浅不一的灰色，在人物周围涂抹颜色。图片的参考效果如图 7-37 所示。

（8）在工具箱中选择横排文字工具，设置字体为"宋体"，设置字号为 48，前景色为白色，输入文字"rainsun 的博客"。

（9）在工具箱中选择横排文字工具，设置字体为 Arial，设置字号为 18，前景色为白色，输入文字 http：//blog. sina. com. cn/v/123456789，文件效果如图 7-38 所示。

图 7-36　效果图 7

（10）创建新图层，选择矩形选区工具，在文件右下角绘制选区；设置前景色为♯ececec，选择油漆桶工具填充选区；添加"斜面与浮雕"图层样式，选择文字工具输入文字"个人中心"，效果如图 7-39 所示。

（11）重复执行步骤（9），完成作品的最后效果，参考效果图如图 7-40 所示。

项目七　博客效果图制作——蒙版与通道

图 7-37　效果图 8

图 7-38　效果图 9

图 7-39　效果图 10

（12）执行"文件"|"存储"命令，弹出"存储"对话框，选择文件存储位置，单击确定按钮，结束制作。

图 7-40　效果图

## 上机实训——设计制作冰冻效果

### 一、实训背景

在平面设计中各种特效效果是较为常用的视觉元素,很多在设计工作中需要表现的特效镜头靠拍摄是不能实现的,这时就要用到照片的特效制作技术,特效的制作通常要使用到通道蒙版与图层样式的设定,本实例将介绍冰冻效果的制作方法。

### 二、实训内容和要求

本示例将介绍冰冻效果的制作,首先要调整图片的对比度及颜色,结合塑料包装滤镜创建基本特殊效果,通过图层模式与蒙版的操作完成最终效果制定。大家可以在完成示例的基础上将素材换成其他元素,体会制作过程中颜色及最终各项参数的调整意义。

### 三、实训步骤

(1) 打开原图素材,先用钢笔工具把人物勾出来,按 Ctrl+Enter 组合键把路径转为选区,按 Ctrl+J 组合键把人物复制到新的图层。

(2) 按 Ctrl+M 组合键对抠出的人物调整曲线,数值:47,60。

(3) 新建一个图层,填充颜色:♯0A6A60。

(4) 把人物皮肤到头部这上半部分抠出来,复制到新的图层。

(5) 把前景颜色设置为翠绿色(水的颜色可以根据作图需要设定所需要),背景设置为白色,选择菜单:图像|调整|渐变映射。调节出有明暗对比的单色图像。

(6) 滤镜|艺术效果|塑料包装,数据根据个人需要做调节,主要是提取有水效果的高光部分,所以作图的是很可以想象一下水做的人脸上的高光密度和疏散度进行调节,根据水的特征,人物眼睛能接收到的信息就是只有高光和最暗的部分,其他部分则是透明的。

(7) 选择图层3副本,按 Ctrl+Alt+Shift+~ 组合键调出高光选区,再按 Ctrl+Alt+Shift 组合键单击图层3副本,这样把人物外部的选区减掉,然后新建图层4填充白色。

(8) 按住 Ctrl 键单击图层4转成选区,按 Ctrl+Shift+I 组合键反选,按 Delete 键删除,多单击几次删除干净点。

（9）把图层4转为选区,选中图层3副本,点蒙版按钮(可把图层暗调隐藏掉)。再用画笔把人物上多余的高光擦掉,同样图层3副本也建立蒙版,把多余的高光擦掉。

（10）图层3设置为"正片叠底",图层1建立蒙版把衣服保留,按Ctrl+B组合键把衣服调成绿色,找有关水的图片拼贴上去。水珠素材网上找。

（11）找到黑色背景的水素材,如果是白色或其他颜色背景的水素材,可以通过减饱和度或者反向把背景变成黑色,图层属性设置成滤色会把黑色屏蔽掉,只留下白色透明度的水,拼贴的时候要看水的方向找到适合的位置拼贴上去,会利用蒙版把水与人物之间的衔接位置处理好。

（12）处理好背景颜色,完成效果制作。

## 四、实训素材及效果参考图

实训素材见图7-41,效果参考图见图7-42。

图7-41 素材图

图7-42 效果参考图

# 技能点测试

### 1. 职业技能要求

能通过叠加图层样式、蒙版等方法合并图片;能使用蒙版工具对图形进行遮罩剔除。

## 2. 选择题

(1) 在 Photoshop 中，Alpha 通道其实是一个（　　）图像，其黑色部分为透明区域，白色部分为不透明区域，灰色部分为半透明区域，因此，我们常用 Alpha 通道来制作一些图像的特殊效果。

  A. 灰度      B. 彩色      C. RGB      D. Lab

(2) 在 Photoshop 的"通道"面板中，图像的（　　）决定了生成通道的数目。

  A. 图层数目     B. 分辨率      C. 色彩模式      D. 图像尺寸

(3) Photoshop 中当前图像中存在一个选区，按 Alt 键单击添加蒙版按钮，与不按 Alt 键单击添加蒙版按钮，其区别是下列哪一项所描述的。

  A. 蒙版恰好是反相的关系

  B. 没有区别

  C. 前者无法创建蒙版，而后者能够创建蒙版

  D. 前者在创建蒙版后选区仍然存在，而后者在创建蒙版后选区不再存在

(4) Photoshop 中当前图像中存在一个选区，按 Alt 键单击添加蒙版按钮，与不按 Alt 键单击添加蒙版按钮，其区别是下列哪一项所描述的。

  A. 蒙版恰好是反相的关系

  B. 没有区别

  C. 前者无法创建蒙版，而后者能够创建蒙版

  D. 前者在创建蒙版后选区仍然存在，而后者在创建蒙版后选区不再存在

(5) 使用快速蒙版与图层蒙版一样，都可以通过蒙版中的黑白灰变化来实现图像间的（　　）。

  A. 明暗变化     B. 自然融合     C. 局部选取     D. 运算

(6) 下列图层类型中能够添加图层蒙版的是（　　）。

  A. 文字图层     B. 图层组      C. 透明图层      D. 背景图层

(7) Alpha 通道的主要用途是（　　）。

  A. 保存图像的色彩信息      B. 进行通道运算

  C. 用来存储和建立选择范围     D. 调节图像的不透明度

(8) 通道面板中的 ▢ 按钮的主要功能是（　　）。

  A. 将通道作为选区载入      B. 将选区存储为通道

  C. 创建新通道         D. 创建新专色通道

(9) 在实际工作中，常常采用（　　）的方式来制作复杂及琐碎图像的选区，如人和动物的毛发等。

  A. 钢笔工具     B. 套索工具     C. 通道选取     D. 魔棒工具

(10) Photoshop 中多处涉及蒙版的概念，如快速蒙版、图层蒙版等，所有这些蒙版的概念都与（　　）的概念相类似。

  A. Alpha 通道    B. 颜色通道     C. 复合通道     D. 专色通道

(11) 下面对专色通道的描述正确的是（　　）。

  A. 在图像中可以增加专色通道，但不能将原有的通道转化为专色通道

  B. 不能将颜色通道与专色通道合并

  C. CMYK 油墨无法呈现专色油墨的色彩范围，因此要印刷带有专色的图像，需要创建专色通道

　　　　D. 为了输出专色通道,请将文件以 TIFF 格式或 PSD 格式存储

(12) 在实际工作中,常常采用(　　)的方式来制作复杂及琐碎图像的选区,如人和动物的毛发等。

　　　　A. 钢笔工具　　　B. 套索工具　　　C. 通道选取　　　D. 魔棒工具

(13) Photoshop 中 CMYK 模式下的通道有(　　)个。

　　　　A. 4　　　　　　B. 5　　　　　　C. 3　　　　　　D. 1

(14) 通过通道运算可以产生非常奇妙的效果,通道的运算是基于两个通道中相对应的(　　)来进行计算的。

　　　　A. 彩色信息　　　B. 灰度图像　　　C. 像素点　　　　D. 选区

(15) 图层创建图层蒙版后,如果要隐藏当前图层中的图像,可以使用(　　)涂抹蒙版。

　　　　A. 黑色画笔　　　　　　　　　　　B. 钢笔工具
　　　　C. 白色画笔　　　　　　　　　　　D. 铅笔工具

# 项目八

# 网页效果图制作——滤镜与动作

【项目导入】

网页是构成网站的基本元素,是承载各种网站应用的平台。网页效果图是网页页面的图片表现形式。本项目为度假村制作网站主页效果图。

【项目分析】

本项目选取与度假、放松相关的素材,在主页上展示度假村的建筑风格、环境特点,添加与家庭及健康生活相关的元素,主题色调淡雅清新,给人宁静放松的感觉,适合度假村的风格与宣传主题。

【能力目标】

- 熟悉滤镜库下各个滤镜命令的参数设计对整体效果的影响程度。
- 掌握使用消失点滤镜去除图片杂物的方法。
- 能够利用"动作"面板完成相关效果的制作。

【知识目标】

- 熟悉使用不同滤镜命令的各个参数改变滤镜效果的方法。
- 熟悉滤镜库下各个滤镜命令的效果。
- 掌握动作的创建、使用与保存的方法。

【课程思政目标】

我国幅员辽阔,山河壮丽。爱国主义精神根源于人民对家国故土与生俱来的亲近依恋之情。项目选取旅游网页效果图制作,引导学生感受祖国的大好河山,感受中华人民共和国成立以来,特别是党的十九大以来,中华民族从站起来、富起来到强起来的伟大飞跃,提升学生的国家民族归属感、荣誉感和责任感。

# 任务一　网页主体元素制作

## 一、网页设计介绍

网页是构成网站的基本元素,是承载各种网站应用的平台。网页效果图又称页面效果图,是一个网页页面的图片表现形式,多用于建站前期。

网站制作人员在了解客户需求之后,要根据客户的需求起草网站策划书,客户同意策划方案后,网站美工要制作出若干张网页效果图,图片格式多为.jpg、.psd、.png,客户选取一张用来做模型,或者根据客户意见再次修改效果图,直到客户满意。效果图设计是网站项目开发中非常重要的一环,通过效果图,客户可以把自己想展示的内容以图像的方式表现出来。因此,效果图设计阶段是网站开发中最繁杂、最漫长的阶段,往往要占据项目开发时间的三分之一甚至三分之二。

**1. 网页的基本构成元素**

一般来说,组成网页的元素有文字、图形、图像、声音、动画、影像、超链接以及交互式处理等。文本是最基本的构成元素,是表现信息内容的主体;超链接是网页与相关网页及其他网络资源之间联系的纽带;图片与动画是静态和动态的图形文件。体现在网页效果图中的元素主要有网站 Logo、网站 Banner、导航栏、文本、图像等元素。

**2. 网页效果图布局原则**

网页的布局设计就是指网页中图像和文字之间的位置关系,简单来说也可以称为网页排版。网页布局设计最重要的就是传达信息,且使它们组成一个有机的整体,展现给广大的观众。网页效果图布局原则包括以下几条。

(1) 主次分明,中心突出

在一个页面上,必然要考虑视觉中心,这个中心一般在屏幕的中央,或者在屏幕左上方的视觉优势位置。因此,一些重要的文章和图片一般可以安排在这些部位。在视觉中心以外的地方就可以安排那些稍微次要的内容。这样在页面上就突出了重点,做到了主次分明。

(2) 大小搭配,相互呼应

较长的文章或标题不要编排在一起,要有一定的距离,同样,较短的文章也不能编排在一起。对待图片的安排也是这样,要互相错开,大小图片之间要有一定的间隔,这样可以使页面错落有致,避免重心偏离。

(3) 图文并茂,相得益彰

文字和图片具有一种相互补充的视觉关系,页面上文字太多,就显得沉闷,缺乏生气;页面上图片太多,缺少文字,必然就会减少页面的信息容量。因此,最理想的效果是文字与图片密切配合,互为衬托,既活跃页面,又使页面中有丰富的内容。

**3. 网页效果图布局分类**

网页效果图布局大致可以分为骨骼型、满版型、分割型、中轴型或对称型、焦点型、倾斜型或曲线型、三角形、自由型等类型。

（1）骨骼型

骨骼型版式是一种规范、严谨的分割方式，也是最为普通和最为常见的一种形式，类似报刊的版式。常见的网页骨骼有竖向通栏、双栏、三栏、四栏和横向通栏、双栏、三栏、四栏等，通常以竖向分栏居多。这种版式给人以和谐、理性的感觉。

（2）满版型

满版型版式的图像充满整版，主要以图像为诉求点，可以将部分文字置于图像之上。其视觉传达效果直观而突出，给人以生动、大方的感觉。满版型版式被各种网站所采用，以学校、娱乐、体育、艺术、儿童以及个性化网站为主，其中以韩国网站居多。

（3）分割型

分割型版式把整个页面分成上下或左右两部分，分别安排图片或文字内容。两部分形成对比，使图片部分感性而又具表现力，文字部分则理性而具说服力。它也可以调整图片和文字所占的面积比例，来调节对比强弱。如果图片比例过大，文字字体过于纤细、段落疏松，会造成视觉心理的不平衡，显得生硬。

（4）中轴型或对称型

中轴型版式是将图片和文字沿浏览器窗口的中间轴心位置做水平或垂直方向排列的一种设计方式。沿中轴水平方向排列的页面可以给人稳定、平静、含蓄的感觉，沿中轴垂直方向排列的页面可以给人以舒畅的感觉。采用这种版式设计的网页比较适合做网站的首页。

（5）焦点型

焦点型版式通过对浏览者视线的诱导，可以使页面产生强烈的视觉效果，如集聚感或膨胀感等。中心焦点型是将图片或文字置于页面的视觉中心，向心焦点型是用视觉元素引导浏览者的视线向页面中心聚拢，离心焦点型是用视觉元素引导浏览者的视线向外辐射。焦点型版式为各类网站使用，以体育、娱乐、动画网站为多。

（6）倾斜型或曲线型

倾斜型版式通常将多幅图片、文字做倾斜编排，形成不稳定感或强烈的动感，引人注目。曲线型版式中，图片、文字在页面上做曲线的分割或编排，产生韵律与节奏。这两类网页版式均为各类网站所采用。

（7）三角形

三角形版式是指页面各视觉元素呈三角形或多角形排列。正三角形最具稳定性；倒三角形可产生动感；侧三角形则构成一种均衡版式，既安定又有动感。三角形版式为各类网站所采用。

（8）自由型

自由型版式的页面具有活泼、轻快的气氛。这类版式也可以应用于多种网站，如娱乐、体育、个人、商务等网站。

以上介绍的基本版式类型并不是固定不变的，在实际设计中，设计师可以根据网页所要传达的主题内容灵活地变化版式。在设计前要认真分析网站的定位，在设计中要灵活把握版式结构，才能更好地达到设计目的。

## 二、滤镜相关知识

使用滤镜功能可以对图像画面进行高级处理，也可以制作画面的特殊效果。Photoshop提供了近百种滤镜，各种滤镜的效果不同，分组归类后存放在菜单栏的"滤镜"主菜单中，如

图 8-1 所示。

**1. 上次滤镜操作**

在执行某一滤镜后,若效果不能一步到位,需要重复执行相同的滤镜,可以执行"滤镜"|"上次滤镜操作"命令,也可以按 Ctrl+F 组合键。此操作不会改变上次滤镜设置的参数。只有执行了任意滤镜命令后,该选项才可用,否则呈不可用状态。

**2. 滤镜库**

滤镜库可以提供许多特殊效果滤镜的预览。通过滤镜库,用户可以应用多个滤镜、打开或关闭滤镜的效果、复位滤镜的选项,以及更改应用滤镜的顺序。如果用户对预览效果满意,可以将效果应用于图像。滤镜库提供了大多数滤镜效果,但不是包括所有的滤镜。执行"滤镜"|"滤镜库"命令,可以打开滤镜库,如图 8-2 所示。

图 8-1 "滤镜"菜单

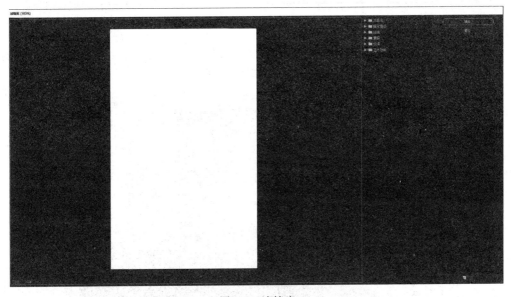

图 8-2 滤镜库

**3. 液化滤镜**

液化滤镜可以用于推、拉、旋转、反射、折叠和膨胀图像的任意区域,是修饰图像和创建艺术效果的强大工具。

**4. 消失点滤镜**

消失点滤镜可以简化包含透视平面的图像进行的透视校正编辑的过程,可以在选定的图像区域内执行绘画、仿制、复制或粘贴以及变换等编辑操作,滤镜会自动应用透视原理,按照透视的角度和比例来自适应图像的修改,从而大大地节约精确设计和修饰照片所需的时间。

使用消失点滤镜来修饰、添加或移去图像中的内容,结果将更加逼真,因为系统可以正确地确定这些编辑操作的方向,并且将它们缩放到透视平面,如建筑物的侧面、墙壁、地面或任何矩形对象。

人物脸型修饰

例如，打开素材"地板.jpg"文件，执行"滤镜"|"消失点"命令，会弹出"消失点"对话框，如图 8-3 所示。

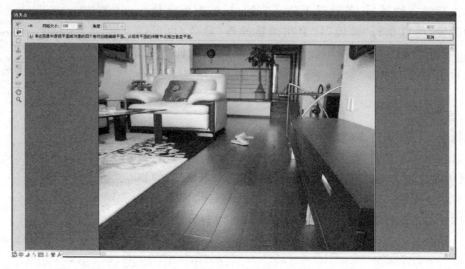

图 8-3　原图

选择创建平面工具 ，在地板的前端单击四个顶点，形成透视矩形框，拖动平面覆盖拖鞋，再选择图章工具 修复拖鞋，最终效果图如图 8-4 所示。

图 8-4　效果图

### 三、部分滤镜功能及效果介绍

**1. 风格化滤镜**

风格化滤镜主要作用于图像的像素，可以产生不同风格的印象派艺术效果。执行"滤镜"|"风格化"命令，在弹出的子菜单中可以看到所有风格化滤镜组的滤镜，包括查找边缘、等高线、风、

风格化滤镜组

浮雕效果、扩散、拼贴、曝光过度、凸出等,如图8-5所示。

① 查找边缘:可以强调图像的轮廓,用彩色线条勾画出彩色图像边缘,用白色线条勾画出灰度图像边缘。

② 等高线:可以查找图像中主要亮度区域的过渡区域,并对每个颜色通道用细线勾画边缘。

③ 风:可以在图像中创建细小的水平线以模拟风效果。

图 8-5　风格化滤镜组

④ 浮雕效果:可以将图像的颜色转换为灰色,并用原图像的颜色勾画边缘,使选区显得突出或下陷。

⑤ 扩散:可以根据所选的选项搅乱选区内的像素,使选区看起来聚焦较低。

⑥ 拼贴:可以将图像拆散为一系列的拼贴。

⑦ 曝光过度:可以使图像产生原图像与原图像的反相进行混合后的效果。

⑧ 凸出:可以创建三维立体图像。

⑨ 油画:油画滤镜可以将照片转换为具有经典油画视觉效果的图像。

例如,原图如图8-6所示,应用查找边缘滤镜后的效果如图8-7所示,应用风滤镜后的效果如图8-8所示,应用浮雕效果滤镜后的效果如图8-9所示,扩散滤镜后的效果如图8-10所示,应用拼贴滤镜后的效果如图8-11所示,曝光过度滤镜后的效果如图8-12所示,应用凸出滤镜的效果如图8-13所示,应用油画滤镜的效果如图8-14所示。

图 8-6　原图

图 8-7　查找边缘滤镜

图 8-8　风滤镜

图 8-9　浮雕效果滤镜

图 8-10　扩散滤镜

项目八 网页效果图制作——滤镜与动作 203

图 8-11 拼贴滤镜

图 8-12 曝光过度滤镜

图 8-13 凸出滤镜

图 8-14　油画滤镜

**2. 模糊滤镜**

　　模糊滤镜可以模糊图像,这对修饰图像非常有用。模糊的原理是将图像中要模糊的硬边区域相邻近的像素值平均而产生平滑的过滤效果。模糊滤镜组的滤镜包括动感模糊、高斯模糊、进一步模糊、径向模糊、特殊模糊、表面模糊、方框模糊、镜头模糊、模糊、平均、形状模糊。部分路径效果描述如下。

　　(1) 动感模糊:能以某种方向(从－360°～＋360°)和某种强度(从 1～999)模糊图像。此滤镜的效果类似于用固定的曝光时间给运动的物体拍照。

　　(2) 高斯模糊:可以按可调的数量快速地模糊选区。高斯指的是当 Photoshop 对像素进行加权平均时所产生的菱状曲线。此滤镜可以添加低频的细节并产生朦胧效果。

　　(3) 进一步模糊:可以消除图像中有明显颜色变化处的杂点。

　　(4) 径向模糊:可以模糊前后移动相机或旋转相机产生的模糊,以制作柔和的效果。选择"旋转"模糊方法,可以沿同心弧线模糊,然后指定旋转角度;选择"缩放"模糊方法,可以沿半径线模糊,就像是放大或缩小图像。

　　(5) 特殊模糊:可以对一幅图像进行精细模糊。指定半径可以确定滤镜搜索不同像素进行模糊的范围。

　　(6) 表面模糊:可以在保留边缘的同时模糊图像。此滤镜用于创建特殊效果并消除杂色或粒度。在"表面模糊"对话框中,"半径"选项用于指定模糊取样区域的大小;"阈值"选项用于控制相邻像素色调值与中心像素值相差多大时才能成为模糊的一部分,色调值差小于阈值的像素被排除在模糊之外。

水晶花效果制作

**3. 扭曲滤镜**

　　扭曲滤镜可以对图像进行几何变化,以创建三维或其他变换效果。

　　(1) 波浪:可以产生多种波动效果。此滤镜包括 Sine(正弦波)、Triangle(锯齿波)、Square(方波)三种波动类型。

　　(2) 波纹:可以在图像中创建起伏图案,模拟水池表面的波纹。

　　(3) 极坐标:可以将图像从直角坐标转换成极坐标,反之亦然。

　　(4) 挤压:可以挤压选区。

　　(5) 切变:可以沿曲线扭曲图像。

(6) 球面化：可以使图像产生扭曲并伸展出现包在球体上的效果。

(7) 水波：可以径向扭曲图像，产生径向扩散的圈状波纹。

(8) 旋转扭曲：可以使图像中心产生旋转效果。

(9) 置换：可以根据选定的置换图来确定如何扭曲选区。

### 4. 锐化滤镜

锐化滤镜可增强图像中的边缘定义。无论图像来自数码相机还是扫描仪，大多数图像都受益于锐化，所需的锐化程度取决于数码相机或扫描仪的品质。请记住，锐化无法校正严重模糊的图像。锐化图像时，建议应用 USM 锐化滤镜或智能锐化滤镜，以便更好地进行控制。尽管 Photoshop 还提供锐化、锐化边缘和进一步锐化等滤镜，但是这些滤镜是自动的，不提供控制和选项。

(1) USM 锐化：可以通过增加相邻像素的对比度而使模糊的图像清晰。

(2) 进一步锐化：比锐化滤镜有更强的锐化效果。

(3) 锐化：可以聚焦选区并提高其清晰度。

(4) 锐化边缘：可以查找图像中有明显颜色转换的区域并进行锐化，可以调整边缘细节的对比度，并在边缘的每一侧制作一条更亮或更暗的线，以强调边缘，产生更清晰的图像幻觉。

(5) 智能锐化：可以通过设置锐化算法或控制阴影和高光中的锐化量来锐化图像。此滤镜具有 USM 锐化滤镜所没有的锐化控制功能，用户可以自行设定参数。

(6) 防抖锐化：可自动减少由相机运动产生的图像模糊，软件会自动分析图像中最适合使用防抖功能的区域，确定模糊的性质，并推算出整个图像最适合的修正建议。

### 5. 素描滤镜

滤镜库菜单中的素描滤镜可以给图像增加各种艺术效果的纹理，产生素描、速写等艺术效果，也可以制作三维背景。

素描

(1) 半调图案：可以在保持连续的色调范围的同时，模拟半调网屏的效果。

(2) 便条纸：可以简化图像，产生凹陷的压印效果。

(3) 粉笔与碳笔：可以用粗糙的粉笔绘制纯中间调的灰色图像，暗调区用黑色对角碳笔线替换。绘制的碳笔为前景色，绘制的粉笔为背景色。

(4) 铬黄渐变：可以使图像产生磨光铬表面的效果。在反射表面中，高光为亮点，暗调为暗点。

(5) 绘图笔：可以使用精细的直线油墨线条来描绘原图像中的细节以产生素描效果。

(6) 基底凸现：可以使图像变为具有浅浮雕效果的图像。图像的较暗区使用前景色，较亮区使用背景色。

(7) 水彩画纸：可以产生在潮湿的纤维纸上绘画的效果，使颜色溢出和混合。

(8) 撕边：可以使图像产生撕裂的效果，并使用前景色和背景色为图像上色。

(9) 炭笔：可以将图像中主要的边缘用粗线绘制，中间调用对角线条素描，产生海报画的效果。

(10) 炭精笔：可以在图像上模拟浓黑和纯白的炭精笔纹理。此滤镜在暗区使用前景色，在亮区使用背景色。为了获得更逼真的效果，可以在应用滤镜之前将前景色改为一种常用的炭精笔颜色（黑色、深褐色或血红色）。要获得减弱的效果，可以将背景色改为白色，在白色背景中添加一些前景色，然后再应用滤镜。

(11) 图章：可以简化图像，产生图章效果。

（12）网状：可以模拟胶片感光乳剂的受控收缩和扭曲，使图像的暗调区域结块，高光区域轻微颗粒化。

（13）影印：可以模拟影印图像的效果，大范围的暗色区域主要只复制其边缘和远离纯黑或纯白色的中间调。

（14）石膏效果：可以模拟石膏图像的效果，图像平衡的值由小调到大，图片效果就会由灰变成黑。

例如，原图如图 8-15 所示，应用半调图案滤镜后的效果如图 8-16 所示，应用便条纸滤镜后的效果如图 8-17 所示，应用粉笔与炭笔滤镜后的效果如图 8-18 所示，应用绘图笔滤镜后的效果如图 8-19 所示，应用基底凸现滤镜后的效果如图 8-20 所示，应用石膏效果滤镜后的效果如图 8-21 所示，应用水彩画纸滤镜后的效果如图 8-22 所示。应用石膏效果滤镜后的效果如图 8-23 所示。

图 8-15　原图

图 8-16　半调图案滤镜

图 8-17　便条纸滤镜

图 8-18　粉笔与炭笔滤镜

图 8-19　绘图笔滤镜

图 8-20　基底凸现滤镜

图 8-21　石膏效果滤镜

图 8-22　水彩画纸滤镜

图 8-23　石膏效果滤镜

**6．纹理滤镜**

纹理滤镜可以为图像添加具有深度感和材料感的纹理。

（1）龟裂缝：可以沿着图像轮廓产生精细的裂纹网。

（2）颗粒：可以模拟不同种类的颗粒给图像增加纹理。

（3）马赛克拼贴：可以将图像分裂为具有缝隙的小块。

（4）拼缀图：可以将图像拆分为整齐排列的方块，用图像中该区域的最显著颜色填充。

（5）染色玻璃：可以将图像重绘为以前景色勾画的单色相邻单元格。

（6）纹理化：可以在图像上应用用户选择或创建的纹理。

例如，原图如图 8-24 所示，应用龟裂缝滤镜后的效果如图 8-25 所示，应用颗粒滤镜后的效果如图 8-26 所示，应用马赛克拼贴滤镜后的效果如图 8-27 所示，应用拼缀图滤镜后的效果如图 8-28 所示，应用染色玻璃滤镜后的效果如图 8-29 所示，应用纹理化滤镜后的效果如图 8-30 所示。

纹理

图 8-24　原图

图 8-25　龟裂缝滤镜

图 8-26　颗粒滤镜

图 8-27 马赛克拼贴滤镜

图 8-28 拼缀图滤镜

图 8-29 染色玻璃滤镜

图 8-30 纹理化滤镜

像素化

**7. 像素化滤镜**

像素化滤镜可以将指定单元格中相似颜色值结块并平面化。

（1）彩块化：可以将纯色或相似颜色的像素结块为彩色像素块。使用此滤镜可以使图像看起来像是手绘的。

（2）彩色半调：可以在图像的每个通道上模拟使用扩大的半调网屏的效果。

（3）点状化：可以将图像中的颜色分散为随机分布的网点。

（4）晶格化：可以将像素结块为纯色多边形。

（5）马赛克：可以将像素结块为方块，每个方块内的像素颜色相同。

（6）碎片效果：可以将图像中的像素创建四份备份，进行平均，再使它们互相偏移。

（7）铜板雕刻：可以将灰度图像转换为黑白区域的随机图案，将彩色图像转换为全饱和颜色随机图案。

**8. 渲染滤镜**

渲染滤镜可以在图像中创建三维图形、云彩图案、折射图案、模拟光线反射、火焰、图片框和树的效果。

(1) 分层云彩：可以使用随机生成的介于前景色与背景色之间的值，生成云彩图案。此滤镜将云彩数据和现有的像素混合，其方式与差值模式混合颜色的方式相同。第一次选取此滤镜时，图像的某些部分被反相为云彩图案。应用此滤镜几次之后，会创建出与大理石的纹理相似的凸缘与叶脉图案。应用分层云彩滤镜时，现有图层上的图像数据会被替换。

(2) 光照效果：可以通过改变 17 种光照样式、3 种光照类型和 4 套光照属性，在 RGB 图像上产生无数种光照效果，还可以使用灰度文件的纹理（称为凹凸图）产生类似 3D 的效果，并存储自己的样式以便在其他图像中使用。

(3) 镜头光晕：可以模拟亮光照在相机镜头所产生的折射。

(4) 纤维：可以使用前景色和背景色创建编织纤维的外观。在"纤维"对话框中可以使用"差异"滑块来控制颜色的变化方式，较小的值会产生较长的颜色条纹，而较大的值会产生非常短且颜色分布变化更大的纤维。"强度"滑块用于控制每根纤维的外观，较小的值会产生松散的织物，而较大的值会产生短的绳状纤维。单击"随机化"按钮，可以更改图案的外观；可以多次单击该按钮，直到看到喜欢的图案。应用纤维滤镜时，现有图层上的图像数据会被替换。

(5) 云彩：可以使用前景色和背景色随机产生柔和的云彩图案。

任务实践

(1) 执行"文件"|"新建"命令，弹出"新建"对话框，设置"名称"为"主体元素制作"，"宽度"为 720 像素，"高度"为 350 像素，"分辨率"为 72 像素/英寸，"颜色模式"为"RGB 颜色"，单击"确定"按钮，新建文件，如图 8-31 所示。

图 8-31 "新建"对话框

(2) 执行"文件"|"打开"命令，打开"打开文件"对话框，找到"配套素材文件\项目八"文件夹，打开"8-1.psd"文件。

(3) 在工具箱中选择移动工具，拖动文件内容到"主体元素制作"文件中，效果如图 8-32 所示。

图 8-32　效果图 1

（4）执行"文件"|"打开"命令，打开"打开文件"对话框，找到"配套素材文件\项目八"文件夹，打开"8-2.jpg"文件。

（5）在工具箱中选择移动工具，拖动文件内容到"主体元素制作"文件中，注意图层位置要在"图层 1"下方，效果如图 8-33 所示。

图 8-33　效果图 2

（6）执行"文件"|"打开"命令，打开"打开文件"对话框，找到"配套素材文件\项目八"文件夹，打开"8-3.jpg"文件。

（7）在工具箱中选择套索工具，沿着房子边界绘制选区；在工具箱中选择移动工具，拖动文件内容到"主体元素制作"文件中，效果如图 8-34 所示。

（8）在"图层"面板中选中"图层 3"，添加图层蒙版；选择画笔工具，设置前景色为黑色，在房子周围拖动鼠标涂抹图层蒙版，效果如图 8-35 所示。

（9）执行"文件"|"打开"命令，打开"打开文件"对话框，找到"配套素材文件\项目八"文件夹，打开"8-4.jpg"文件。

图 8-34　效果图 3

图 8-35　效果图 4

（10）在工具箱中选择磁性套索工具，沿着指示牌边界绘制选区；在工具箱中选择移动工具，拖动文件内容到"主体元素制作"文件中。

（11）执行"编辑"|"变换"|"透视"命令，对图层添加自由变换边框，鼠标单击边框调出适合画面的透视效果，双击鼠标结束变换，效果如图 8-36 所示。

（12）在工具箱中选择横排文字工具，设置字体为"叶根友毛笔行书 2.0 版"、字号为 24 点、前景色为白色，单击鼠标，输入文字"爱的小屋"，效果如图 8-37 所示。

（13）为背景图层添加渐变效果，降低图片的明暗对比，效果如图 8-38 所示。

（14）在工具箱中选择横排文字工具，设置字体为 Charlemagne Std、字号为 24 点，单击鼠标，输入文字"THE LOVE HOUSE"。

（15）栅格化图层后，载入选区，为图层添加"铜色渐变"渐变样式，效果如图 8-39 所示。

（16）添加其他文字，效果如图 8-40 所示。

图 8-36 效果图 5

图 8-37 效果图 6

图 8-38 效果图 7

项目八　网页效果图制作——滤镜与动作　215

图 8-39　效果图 8

图 8-40　效果图 9

（17）执行"文件"|"打开"命令，打开"打开文件"对话框，找到"配套素材文件\项目八"文件夹，打开"8-5.psd"文件。

（18）在工具箱中选择移动工具，拖动文件内容到"主体元素制作"文件中，效果如图 8-41 所示。

（19）将文件保存为"主体效果图制作.jpg"文件，留作素材使用。

图 8-41　效果图 10

## 任务二　网页效果图制作

### 一、动作

动作的基本操作

动作是指在单个文件或一批文件上执行的一系列任务,如菜单命令、面板选项、工具动作等。Photoshop 动作可以记录用户处理的步骤及其中的参数设置,生成一个后缀为".ATN"的文件,保存在 Photoshop 安装目录里,可以重复调用,大大提高了工作效率。

动作可以包含暂停,便于执行无法记录的任务,也可以包含对话框,从而在播放动作时在对话框中输入数值。

**1. "动作"面板**

若干个命令组成一个动作,若干个动作又组成一个动作组,方便对动作的管理。"动作"面板可以记录、播放、编辑和删除各个动作,还可以用来存储和载入动作文件。执行"窗口"|"动作"命令,可以弹出"动作"面板,如图 8-42 所示。

Photoshop 中包含一个默认动作序列。单击"动作"面板右上角的 ■ 按钮,在弹出的"动作"面板菜单中,可添加的动作集包括命令、画框、图像效果、制作、文字效果、纹理和视频动作,用户可以追加这些动作集。

"动作"面板中各按钮的功能如下。

① 停止 ■:单击此按钮,可以停止记录或播放动作。

② 记录 ●:单击此按钮,可以开始记录,按钮变为红色凹陷状态表示记录正在进行。

③ 播放 ▶:展开一个动作组,选择一个动作,单击此按钮,可以执行一个动作。

④ 创建新组 ■:单击此按钮,可以创建一个新组,用来组织单个或多个动作。

图 8-42　"动作"面板

⑤ 创建新动作 ■:单击此按钮,可以创建一个新动作的名称、快捷键等,并且同样具有录制功能。

⑥ 删除 ■:单击此按钮,可以删除一个或多个动作或组。

以默认动作中的"淡出效果(选区)"动作为例,单击动作名称左侧的 ▶ 图标,可以显示动作中的命令,再次单击 ▶ 图标,可以显示关于此命令的具体设定信息。单击"仿旧照片"动作右侧的 ▶ 图标,"动作"面板如图 8-43 所示。

在使用动作命令时,选中相关的动作命令,单击"播放"按钮,即可执行动作命令。例如,在图片中用矩形选框工具在画面中绘制选区,效果如图 8-44 所示。选中"动作"面板中的"淡出效果(选区)"动作,再单击"动作"面板底部的"播放"按钮,动作中的命令将被依次执行,并且弹出相应的对话框。动作执行完毕,效果如图 8-45 所示。

图 8-43　展开动作面板

图 8-44　添加选区

在使用动作命令时，也要根据提示信息进行操作。例如，执行淡出效果动作时不建选区或全选图片，都会影响动作的顺利执行，并且不能得到满意的处理结果。当动作执行到"羽化"命令时，将弹出警告提示。

**2．创建动作**

下面以给图片添加水印为例介绍创建动作的方法。例如，打开素材文件，单击"动作面板"中的"创建新组"按钮，在弹出的对话框中输入名称"照片调整"，否则将以"动作＋序列号"为默认名称；单击"动作"面板中的"创建新动作"按钮，弹出"新建动作"对话框，单击"确定"按钮，新建"动作1"，此时，动作自动开始录制，"记录"按钮呈红色凹陷状态，"动作"面板如图8-46所示。

图 8-45　执行"淡出效果（选区）"命令后的效果图

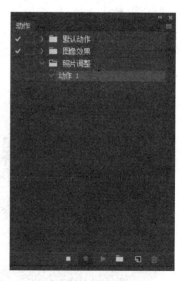

图 8-46　动作面板1

依次对如图 8-47 所示的图像执行以下操作。

（1）使用文字工具输入文字"休闲一刻"，设置字体为"华文楷体"、字号为 36 点。

（2）执行"图层"|"栅格化"|"文字"命令，栅格化文字图层。

（3）双击文字图层，弹出"图层样式"对话框，设置"混合选项"选项卡中的"填充不透明度"为0，单击"确定"按钮。

（4）双击文字图层，弹出"图层样式"对话框，选中"斜面和浮雕"复选框，单击"确定"按钮。

（5）单击"停止"按钮结束录制动作，效果如图8-48所示。

图8-47 原图1

图8-48 效果图1

"动作"面板中记录了所有执行过的命令，如图8-49所示。

打开如图8-50所示的图片文件，执行"动作1"后，效果如图8-51所示。

### 3. 保存动作

动作可以输出为一个文件保存在硬盘上。用户录制好一个动作后，就可以把它输出为动作文件保存下来以备以后使用。

输出动作文件时，必须选中要存储的动作所在的组，而且组中的所有动作都将被输出保存。执行"动作"面板菜单中的"存储动作"命令，将弹出"存储"对话框，询问存储路径，单击"确定"按钮后动作即被存储。

图8-49 动作面板2

图8-50 原图2

图8-51 效果图2

## 二、使用批处理命令

"批处理"命令可以对一个文件夹中的文件运行动作。首先要创建一个文件夹,将所有要编辑的图像都保存在里面。利用批处理功能将动作对象指定为该文件夹,Photoshop 就会自动打开文件夹中的文件,逐个应用动作。执行"文件"|"自动"|"批处理"命令,会弹出"批处理"对话框,如图 8-52 所示。

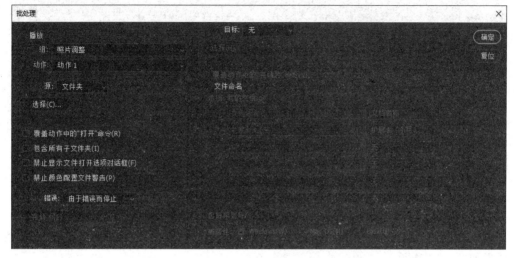

图 8-52 "批处理"对话框

"批处理"对话框中各选项的含义如下。

（1）播放：在"播放"选项组中可以选择进行批处理的动作,即可以选择对选定的文件夹中的图像运行何种批处理动作,在这里可选择的批处理动作都是 Photoshop 自带的批处理动作,与"动作"面板中所显示的内容一致。

（2）源：在"源"选项组中可以选择图像文件的来源,即在做批处理时是从"文件夹"还是通过"输入"得到图像。选择"文件夹"选项后,可以单击"选择"按钮来指定图像文件来源的文件夹。

（3）覆盖动作中的"打开"命令：表示可以按照设置的路径打开文件,而忽略在动作中记录的"打开"操作。

（4）包含所有子文件夹：表示可以对设置的路径中子文件夹中的所有图像文件做同一个动作的操作。

（5）禁止显示文件打开选项对话框：表示禁止打开文件打开选项对话框,这在批处理数码相机的原始图像文件时很有用,可以使用默认的或先前制定的具体设置。

（6）禁止颜色配置文件警告：表示在进行批处理的过程中对出现的溢色问题提出警告。

（1）执行"文件"|"新建"命令,弹出"新建"对话框,设置"名称"为"网站效果图制作","宽度"为 1024 像素,"高度"为 580 像素,"分辨率"为 72 像素/英寸,"颜色模式"为"RGB 颜色",单击"确定"按钮,新建文件,如图 8-53 所示。

（2）执行"文件"|"打开"命令,打开"打开文件"对话框,找到"配套素材文件\项目八"文件

图 8-53 "新建"对话框

夹,打开"8-6.jpg"文件;在工具箱中选择移动工具,将文件内容拖动到"网站效果图制作"文件中,效果如图 8-54 所示。

图 8-54 效果图 1

(3) 执行"文件"|"打开"命令,打开"打开文件"对话框,找到"配套素材文件\项目八"文件夹,打开"主体效果图制作.jpg"文件;在工具箱中选择移动工具,将文件内容拖动到"网站效果图制作"文件中,效果如图 8-55 所示。

(4) 执行"文件"|"打开"命令,打开"打开文件"对话框,找到"配套素材文件\项目八"文件

项目八　网页效果图制作——滤镜与动作　221

图 8-55　效果图 2

夹,打开"8-7.psd"文件;在工具箱中选择移动工具,将文件内容拖动到"网站效果图制作"文件中,效果如图 8-56 所示。

图 8-56　效果图 3

(5) 在工具箱中选择横排文字工具,设置字体为 Cambria Math、字号为 24 点,单击输入文字 Lovehouse;设置字体为 Arial、字号为 13 点,单击输入文字 www.lovehouse.com,效果如图 8-57 所示。

(6) 执行"文件"|"打开"命令,打开"打开文件"对话框,找到"配套素材文件\项目八"文件

图 8-57 效果图 4

夹,打开"8-8.psd"文件;在工具箱中选择移动工具,将文件内容拖动到"网站效果图制作"文件中,效果如图 8-58 所示。

图 8-58 效果图 5

(7) 执行"文件"|"打开"命令,打开"打开文件"对话框,找到"配套素材文件\项目八"文件夹,打开"8-9.jpg"文件;在工具箱中选择移动工具,将文件内容拖动到"网站效果图制作"文件中。

(8) 在"图层"面板中选中"图层 5",添加图层蒙版;选择画笔工具,设置前景色为黑色,在窗户周围拖动鼠标涂抹图层蒙版,效果如图 8-59 所示。

图 8-59　效果图 6

(9) 执行"文件"|"打开"命令,打开"打开文件"对话框,找到"配套素材文件\项目八"文件夹,打开"8-10.jpg"文件；在工具箱中选择移动工具,将文件内容拖动到"网站效果图制作"文件中,效果如图 8-60 所示。

图 8-60　效果图 7

(10) 为网页添加文字导航条,效果如图 8-61 所示。
(11) 为文字导航条添加图层样式,分别为图案叠加样式与外发光样式,效果如图 8-62 所示。

图 8-61　效果图 8

图 8-62　效果图 9

（12）为文字导航条添加装饰元素，效果如图 8-63 所示。

（13）在文件中添加联系信息，效果如图 8-64 所示。

（14）执行"文件"|"存储"命令，弹出"存储"对话框，选择文件存储位置，单击"确定"按钮结束制作。

项目八　网页效果图制作——滤镜与动作　225

图 8-63　效果图 10

图 8-64　效果图 11

# 上机实训——设计制作购物网站网页效果图

## 一、实训背景

购物网站的网页效果图制作是以宣传卖点为目的的设计活动，重点是通过视觉元素向受众准确地表达购物网站售卖货物及物品风格，提高点击率。

## 二、实训内容和要求

本实训为女性服装销售公司制作购物网站的主页效果图，在主页中要重点展示服装风格、新品发布和公司新闻等元素。利用不同抠图方式完成主页服装模特的抠图效果，结合背景的特效设计完成效果图。

## 三、实训步骤

**1. 背景制作**

① 新建文件。
② 新建图层,填充黑色。
③ 制作椭圆选区,添加样式,制作聚光灯效果。
④ 新建图层,创建舞台灯光效果。
⑤ 新建图层,创建点光效果,并逐步细化细节部分。

**2. 主体部分制作**

① 为素材"人物1.jpg""人物2.jpg""人物3.jpg"文件抠图,并添加到文件中。
② 适当调整人物图层的比例,并摆放到合适的位置。
③ 添加麦克风素材。
④ 新建图层,为麦克风图层添加光泽效果。

**3. 制作新品发布与新闻版块**

① 将素材"新品.psd"缩小添加到文件中。
② 在图片上方与下方分别输入文字进行介绍。
③ 制作倾斜的图标标记新品版块,起到醒目的作用。
④ 制作新闻文字版块,并添加文字效果。

**4. 制作菜单导航**

① 制作顶部文字导航条。
② 绘制底部矩形导航条,并填充浅灰底色。
③ 添加文字。
④ 制作红色矩形图层,衬托 ABOUT 文字按钮。
⑤ 保存文件,完成制作。

## 四、实训素材及效果参考图

实训素材见图8-65~图8-69,效果参考图见图8-70。

图8-65 素材图1

图8-66 素材图2

图 8-67 素材图 3

图 8-68 素材图 4

图 8-69 素材图 5

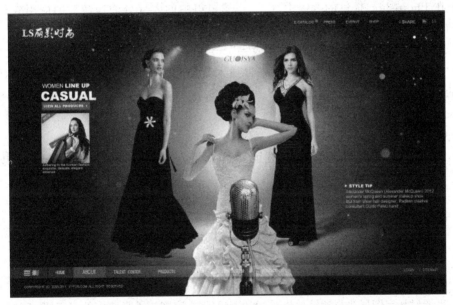
图 8-70 效果参考图

# 技能点测试

**1. 职业技能要求**

能对图像进行模糊、风格化浮雕或扭曲等效果处理。

**2. 选择题**

(1) 要将图 8-71(a) 经过处理得到模拟印刷网点被放大后的效果,如图 8-71(b) 所示,正确的操作步骤是(　　)。

　　A. 执行"滤镜"|"像素化"|"点状化"命令

　　B. 执行"滤镜"|"像素化"|"彩色半调"命令

(a)　　　　　　　　　　　　　(b)

图 8-71　习题 1 图

C. 先将彩色图像转为灰度模式，然后执行"滤镜"|"像素化"|"点状化"命令

D. 先将彩色图像转为灰度模式，然后执行"滤镜"|"像素化"|"彩色半调"命令

(2) 在 Photoshop 提供的滤镜中，(　　)滤镜组中的大部分滤镜命令的应用效果与工具箱中的前景色和背景色有密切关系。

　　A. "扭曲"　　　　　B. "艺术效果"　　　　C. "素描"　　　　D. "像素化"

(3) 要想为已经录制好的"动作"组中再插入其他的命令选项，此时可以执行"动作"面板菜单中的(　　)命令。

　　A. "载入动作"　　　　　　　　　　　B. "再次记录"
　　C. "插入停止"　　　　　　　　　　　D. "插入菜单项目"

(4) 最后一次使用的滤镜出现在"滤镜"菜单最上方，若要重复此滤镜效果，可以按(　　)组合键。

　　A. Ctrl+Shift+F　　　　　　　　　　B. Ctrl+F
　　C. Ctrl+Alt+F　　　　　　　　　　　D. Ctrl+E

(5) 在 Photoshop 中，"云彩"滤镜效果是随机使用(　　)产生云彩纹理。

　　A. 纯色　　　　　　　　　　　　　　B. 渐变色
　　C. 黑色和白色　　　　　　　　　　　D. 前景色和背景色

(6) 当要对文字图层执行滤镜效果时，首先需要将文字图层进行栅格化，下列选项中的(　　)操作不能进行文字的栅格化处理。

　　A. 执行"图层"|"栅格化"|"文字"命令
　　B. 执行"图层"|"文字"|"转换为形状"命令
　　C. 直接选择一个滤镜命令，在弹出的栅格化提示对话框中单击"是"按钮
　　D. 执行"图层"|"栅格化"|"图层"命令

(7) 滤镜的处理效果是以像素为单位的，因此，滤镜的处理效果与图像的(　　)有关。

　　A. 分辨率　　　　　　　　　　　　　B. 长宽比例
　　C. 放缩显示倍率　　　　　　　　　　D. 裁切

(8) 对图 8-72(a)执行(　　)命令后，可以得到图 8-72(b)所示的同心圆效果。

　　A. "滤镜"|"扭曲"|"切变"　　　　　　B. "滤镜"|"扭曲"|"置换"

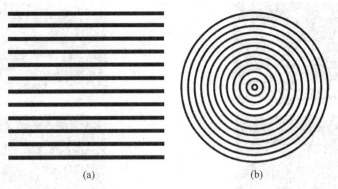

图 8-72　习题 8 图

C. "滤镜"|"扭曲"|"极坐标"　　　　　D. "滤镜"|"扭曲"|"球面化"

（9）执行"滤镜"|"模糊"子菜单中的（　　）命令可以模拟前后移动相机或旋转相机时产生的模糊效果，它在实际的图像处理中常用于制作光芒四射的光效，如图 8-73 所示。

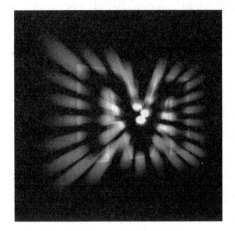

图 8-73　习题 9 图

A. "特殊模糊"　　　　　　　　　　B. "镜头模糊"
C. "动感模糊"　　　　　　　　　　D. "径向模糊"

（10）对图 8-74 执行"滤镜"|"像素化"|"晶格化"命令，可以得到（　　）的效果。

图 8-74　习题 10 图

A.  B.

C. D.

(11) 在记录操作命令过程中,以下操作中的( )是无法被记录下来的。
    A. 应用"矩形选框工具"在图像中画出矩形选区
    B. 执行菜单中的"选择"/"取消选择"命令
    C. 使用工具箱中的"模糊工具""锐化工具"和"海绵工具"
    D. 执行菜单中的"图像"/"调整"/"色相/饱和度"命令

(12) "滤镜"|"风格化"|"风"命令可以产生不同程度的风效,下列关于风向设置的描述正确的是( )。
    A. 风向只能设置为从左和从右两个方向
    B. 风向只能设置为从上和从下两个方向
    C. 可以任意设置风向的角度数值
    D. 不能设置风向

(13) 下列对滤镜描述不正确的是( )。
    A. Photoshop 可以对选区进行滤镜效果处理,如果没有定义选区,则默认为对整个图像进行操作
    B. 在索引模式下不可以使用滤镜,有些滤镜不能使用 RGB 模式
    C. 扭曲滤镜主要功能让一幅图像产生扭曲效果
    D. "3D 变换"滤镜可以将平面图像转换成为有立体感的图像

(14) 下列可以使图像产生立体光照效果的滤镜是( )。
    A. 风          B. 等高线          C. 浮雕效果          D. 照亮边缘

(15) 当图像是( )模式时,所有的滤镜都不可以使用(假设图像是 8 位/通道)。
    A. CMYK          B. 灰度          C. 多通道          D. 索引颜色

# 参 考 文 献

[1] 尤凤英. Photoshop 平面设计[M]. 北京：清华大学出版社，2013.
[2] 尤凤英. PhotoshopCS6 平面设计实用教程[M]. 北京：清华大学出版社，2015.
[3] Adobe 中国授权培训中心. Adobe 国际认证教材[M]. 北京：人民邮电出版社，2020.
[4] 郑志强. Photoshop 影调、调色、抠图、合成、创意 5 项核心修炼[M]. 北京：北京大学出版社，2018.
[5] 唯美世界. Photoshop CS6 从入门到精通[M]. 北京：中国水利水电出版社，2018.
[6] 华天印象. Photoshop CC 2017 实战基础培训教程(全视频微课版)[M]. 北京：人民邮电出版社，2020.
[7] 于莉佳. Photoshop 2020 平面设计从新手到高手[M]. 北京：清华大学出版社，2021.
[8] 睢丹. Photoshop CC 2015 从新手到高手[M]. 北京：清华大学出版社，2016.